"中国气候康养之都"创建示范丛书

康养之都 宜居商洛

主 编：王卫民

副主编：瑚 波 巩文超 赵世发

U0175574

气象出版社

China Meteorological Press

内 容 简 介

本书通过多年的气象观测数据真实反映了商洛气候温和、雨量充沛、四季分明的半湿润山地气候特点，将商洛与国内 30 个有一定代表性的城市的人体舒适度气象指数、温湿指数和寒冷指数对比分析，反映了商洛气候旅游和康养资源优势。同时编者还选用商洛森林覆盖率、城区绿化覆盖率、断面监测水质达标率、空气中的负氧离子数、空气优良天数和 4A 级国家森林公园数等指标，展示了商洛森林丰茂、物种丰富、活水源头、水质优良、天蓝山青、空气清新、生态关联指标领先，是"养在深闺人未识"的"天然氧吧"，也是名副其实的"中国康养之都"。最后，用全市具有数千处文物保护点和旖旎的自然风光、丰厚的人文景观来说明商洛是历代名人荟萃之地，体现了商洛是文化长河、休闲胜地。本书语言通俗易懂，内容深入浅出，图文并茂，令人赏心悦目，可供旅游气象从业人员借鉴参考，也可供爱好旅游的普通大众阅读欣赏。

图书在版编目（ＣＩＰ）数据

康养之都　宜居商洛 / 王卫民主编. -- 北京：气
象出版社，2022.6
（"中国气候康养之都"创建示范丛书）
ISBN 978-7-5029-7728-3

Ⅰ. ①康… Ⅱ. ①王… Ⅲ. ①地方旅游业－气象服务
－商洛 Ⅳ. ①P451

中国版本图书馆CIP数据核字(2022)第096229号

康养之都　宜居商洛
KANGYANG ZHIDU　YIJU SHANGLUO

出版发行：气象出版社

地　　址：北京市海淀区中关村南大街 46 号　　　邮　编：100081
电　　话：010-68407112（总编室）　010-68408042（发行部）
网　　址：http://www.qxcbs.com　　　E-mail：qxcbs@cma.gov.cn
责任编辑：彭淑凡　　　　　　　　　终　审：吴晓鹏
责任校对：张硕杰　　　　　　　　　责任技编：赵相宁
封面设计：楠竹文化
印　　刷：北京地大彩印有限公司
开　　本：710 mm × 1000 mm　1/16　　　印　张：5.5
字　　数：85 千字
版　　次：2022 年 6 月第 1 版　　　　印　次：2022 年 6 月第 1 次印刷
定　　价：48.00 元

《康养之都 宜居商洛》

编委会

主　　编：王卫民

副 主 编：瑚　波　巩文超　赵世发

编 写 者：赵世发　赵小宁　胡晓黎　袁　媛
　　　　　孙军鹏　刘　坤　郑亚宁　王卫民
　　　　　瑚　波　田　亮　刘敏锋　李会军
　　　　　宋文超　张厚发　赵建辉　张　欣

图片提供：商洛市文化和旅游局
　　　　　商洛市摄影家协会

序

　　党中央强调，生态文明建设是关乎中华民族永续发展的根本大计，保护生态环境就是保护生产力，改善生态环境就是发展生产力。党的十八大把生态文明建设作为一项历史任务，纳入了中国特色社会主义事业"五位一体"的总体布局，这是顺应国际绿色循环低碳发展潮流、实现科学发展作出的必然选择。商洛在以实际行动树立和践行生态文明理念中受益良多。

　　商洛地处中华祖脉秦岭南麓腹地，地跨长江、黄河两大流域，"22 ℃商洛·中国康养之都"已经成为商洛享誉省内外的靓丽名片。这里年平均气温12.9 ℃，夏季平均气温约22 ℃，气候四季宜人；这里植被丰富，森林覆盖率69.6%，城区绿化覆盖率39.3%，主要景区空气中负氧离子含量达2万个/cm³以上，空气质量优良天数连续5年保持330 d以上，居陕西全省第一，是名副其实的"天然氧吧"。

　　2017年初，商洛市委、市政府与中国气象学会多次沟通，提出要围绕地方发展需求，积极探索气候资源开发利用，打造生态康养宜居区域示范，将绿水青山"好颜值"变为金山银山"好价值"，委托中国气象学会组织开展气候生态环境资源专家评估工作。历经两年充分准备，商洛市委、市政府组织气象、环境、林业、旅游、交通、卫生等相关部门，高质量完成了生态站建设、野外考察、数据采样分析、评估对比、构建评价指标等一系列工作。

　　2019年1月，中国气象学会邀请秦大河院士、丁一汇院士等12位国内知名专家组成专家评估委员会对商洛的气候和生态关联指标进行了认真评估论证。最终，商洛凭借宜人的气候、优良的生态环境、优越的休闲康养条件获得了"中国气候康养之都"美称。

　　近日，听悉商洛市委、市政府提出打造"一都四区"（中国康养之都、高质量发展转型区、生态文明示范区、营商环境最优区、市域治理创新区），以此作为贯彻落实习近平总书记来陕考察重要讲话、重要指示精神的具体行动，作为"十四五"经济社会高质量发展的总纲领、总目标，努力实现更高质量的绿色循环发展。

本书以严谨求实的态度、优美的语言和珍贵的图片，详细阐述了商洛的好山好水，"美丽中国深呼吸小城"和"相约 22 度商洛"相得益彰，堪称精品佳作，对于商洛深入打造"中国气候康养之都"大有裨益。

我相信，本书可以成为读者朋友了解大美商洛的极好"向导"，同时也希望气象工作为商洛的更好发展贡献更多力量！

中国气象学会秘书长

2022 年 6 月 1 日

前　言

　　商洛，因境内有商山、洛水而得名，位于陕西省东南部。这一座成长中的美丽山城，四季如画、处处皆景。它既有长安的古韵，又有江南的婉约，它是南方的北方，也是北方的南方，无数的风景在这里停下了脚步。

　　商洛地跨长江、黄河两大流域，气候宜人，是"天然氧吧"。近年来，商洛市委、市政府提出守住好山好水打造"一都四区"目标，将商洛打造成为"中国康养之都"，坚持"生态优市、实业强市、文旅活市、城镇兴市"发展路径，更加积极主动探索将绿水青山转化为"金山银山"的科学路径，倾力打造"高质量发展转型区、生态文明示范区、营商环境最优区、市域治理创新区"，努力实现更高质量的绿色循环发展。

　　打造中国康养之都，就是充分巩固拓展好"中国气候康养之都"创建成果，加快推进全域旅游示范市以及"美丽中国深呼吸小城"等创建工作，为加大宣传和推荐商洛的好山好水、美丽乡村，加速推进中国康养之都创建，商洛市委、市人民政府组织商洛市气象局编写了《康养之都　宜居商洛》这本书。

　　本书共分5章，第1章介绍商洛气候宜人。编者用近40年的观测分析数据反映商洛气候温和、年平均气温12.9 ℃、夏季平均气温23.2 ℃、冬无严寒、夏无酷暑、雨量充沛、雨热同步、四季分明的半湿润山地气候，同时商洛地处秦岭腹地，地形地貌差异大，垂直气候明显，类型多样。用商洛与国内30个重点旅游城市的人体舒适度气象指数（BCMI）、温湿指数（HI）和寒冷指数（CI）对比分析，商洛优势明显，更适宜旅游和康养，"相约22度商洛"已经成为商洛旅游康养的靓丽名片。

　　第2章介绍商洛生态优美。森林覆盖率69.6%，城区绿化覆盖率39.3%，森林丰茂、物种丰富、活水源头、水质优良、天蓝山青、空气清新、生态关联指标领先，与24个国内主要生态城市相比，商洛以69.6%的森林覆盖率位居第二，市域内监测断面水质达标率 100% 居首；年内优良空气天数达 331 d，商洛的森林覆盖率、断面水质达标率、优良空气天数、国家 4A 级以上生态景区数量这 4 项与休闲养生相关联的生态指标，均位居国内城市前列，商洛生态环境的休闲养生适宜性总体优于国内其他城市。

第 3 章描述了商洛作为康养福地的自然优势。商洛茂密的森林、新鲜的空气、优良的水质、绿色无公害的食材、种类繁多的中药材和古朴养生文化，都彰显其休闲养生条件的优越。近年来，商洛先后获得"国家森林城市"、首批"国家农产品质量安全市"、"中国最佳康养休闲旅游市"、全省首个"国家生态文明示范工程试点市"等殊荣，2010 年被命名为"省级园林城市"。全市有国家级森林公园 4 个，省级森林公园 5 个，国家级湿地公园 3 个，省级自然保护区 3 个，其中，商南县、柞水县分别在 2016 年、2018 年获全国"天然氧吧"称号。

第 4 章归纳了商洛作为文化长河、休闲胜地的特点。商洛山连秦巴，水派长黄，旖旎的自然风光和丰厚的人文景观成为历代名人荟萃之地，仅唐代就有 50 多位著名诗人徜徉商洛，留下大批诗文。全区有古遗址古建筑等文物保护点 1200 多处，其中省以上文物保护单位 40 多处，境内的洛南旧石器地点群、东龙山夏商周遗址、洛河元扈山"仓颉授书处"、武关遗址、商鞅封邑遗址、"闯王寨"、"生龙寨"、汉代的四皓墓、隋代的文庙、唐代的丰阳塔、宋代的商州城垣、金代的二郎庙、明代的商州城隍庙和龙山双塔、清代的会馆群等成为人们参观与凭吊之地；李白、白居易、贾岛、王禹偁等曾寓居或遨游于商山洛水之间，留下千古佳作。

第 5 章综述"秦岭最美是商洛"。编者从气候独特宜人、生态环境优美、康养资源丰富、绿色发展、大美商洛五方面展示了秦岭的好山好水好生态，习近平总书记视察秦岭牛背梁国家森林公园时说这里是"养在深闺人未识"的"天然氧吧"。

真实性是本书编写坚持的首要原则，也将是本书持久生命力的源泉，编入本书的文字和摄影作品既具有艺术的真实，又做到了事实的真实，在写作之前，作者们积累了数倍于成文作品的资料，稿件形成之后也经过了层层严格审核。

付梓之际，我们特别感谢诸位作者的辛勤努力，感谢商洛市文化和旅游局的鼎力相助。由于编者时间和学识有限，书中难免存在疏漏之处，恳请广大读者不吝赐教，以利修真。

编者

2022 年 5 月 1 日

目录 Contents

第 1 章

气候宜人

　　商洛，因境内有商山、洛水而得名。位于陕西省东南部，秦岭南麓，与鄂豫两省交界，东与河南省的灵宝、卢氏、西峡、淅川县接壤，南与湖北省的郧县、郧西县相邻，西与陕西省西安市的长安、蓝田县毗邻，西南与安康市的宁陕、旬阳毗邻，北与陕西省渭南市的潼关、华阴、华县相连，如图 1-1 所示。地处东经 108°34′20″～111°1′25″，北纬 33°2′30″～34°24′40″。东西长约 229 km，南北宽约 138 km。总面积 19 851 km²，占陕西省总面积的 9.36%。辖商州、洛南、丹凤、山阳、商南、镇安、柞水 1 区 6 县，86 个镇，12 个办事处，户籍人口约 251 万人。

　　商洛属北亚热带向暖温带过渡气候（图 1-2），是南北冷暖气团交汇地区，气候过渡特征明显，气候类型多样，南部山区属北亚热带湿润气候，西北部中高山区则属暖温带半湿润气候。

　　秦岭山脉庞大且高峻，阻挡着来自极地方向的寒冷气团，处于秦岭南坡的商洛，冬季平均气温为 2.1 ℃，最冷月 1 月平均气温为 0～2 ℃，气候温和；夏季雨水充沛而森林茂密，多山谷风，气温日较差大，最热月 7 月平均气温为 23.1～25.4 ℃，气候湿润凉爽。

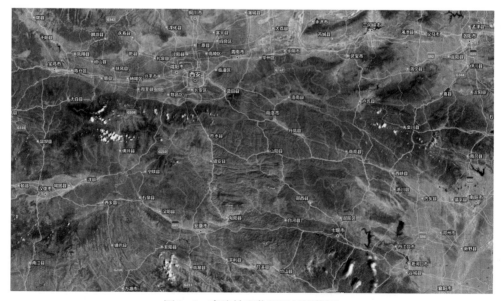

图 1-1　商洛地理位置卫星影像图

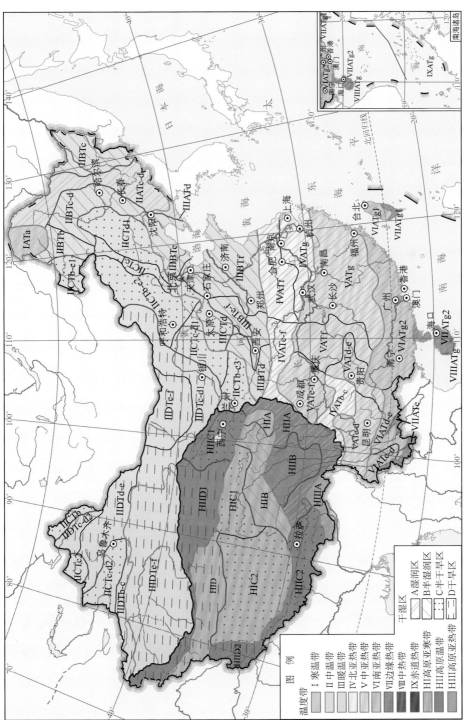

图1-2 中国气候区划

图例

温度带
I 寒温带
II 中温带
III 暖温带
IV 北亚热带
V 中亚热带
VI 南亚热带
VII 边缘热带
VIII 中热带
IX 赤道热带
HI 高原亚寒带
HII 高原温带
HIII 高原亚热带

干湿区
A 湿润区
B 半湿润区
C 半干旱区
D 干旱区

1.1　冬无严寒，夏无酷暑

气温对人体影响非常敏感，对人体体温的调节起着重要作用，是人们日常生活生产中最为关注的气象要素之一。对1981—2017年商洛市各县（区）气象站气温观测数据进行分析，结果如下：

商洛市年平均气温为12.9 ℃，全年最冷月份为1月，平均气温0.7 ℃；最热月份为7月，平均气温24.3 ℃，平均最高气温30.1 ℃（图1-3）；夏季≥35 ℃的高温日数只有6.1 d。

商洛四季分明，春、夏、秋、冬四个季节平均气温分别为13.4 ℃、23.2 ℃、13.0 ℃、2.1 ℃，四季气温变化明显。冬、春两季平均气温相差10.9 ℃（镇安）～11.9 ℃（洛南），春、夏两季温差9.4 ℃（镇安）～10.2 ℃（洛南），夏、秋两季温差9.9 ℃（商南）～10.6 ℃（洛南），秋、冬两季温差10.3 ℃（镇安）～11.5 ℃（洛南）；最高气温和最低气温的季节间差异和平均气温季节间的差异大体相同（图1-4）。

商洛春、秋两季平均气温均在13 ℃左右，气候温和，春、秋两季室外风和日丽，加之生态环境优美，是户外休闲旅游的最佳时节。

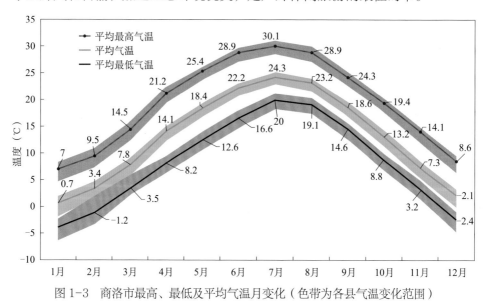

图1-3　商洛市最高、最低及平均气温月变化（色带为各县气温变化范围）

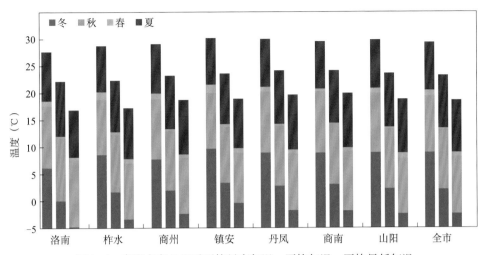

图 1-4 商洛市各县四季平均最高气温、平均气温、平均最低气温

（左、中、右层柱状标识分别表示各季节的平均最高气温、平均气温和平均最低气温）

夏季（6—8月）全市平均高温日数（≥35 ℃）为 6.1 d，不到西安（22 d）的三分之一，镇安县最多（10.8 d），最少为洛南县（1 d）。冬季平均气温 2.1 ℃左右，极少出现严寒天气，与同纬度其他城市相比并不寒冷。

1961—2017 年商洛市各县（区）气象观测资料统计分析结果表明：商洛入春时间一般始于 3 月底到 4 月初（多年平均出现日期为 3 月 30 日），最早出现在 3 月 5 日，接近南方城市，夏季始于 6 月上旬，秋季始于 8 月下旬，冬季始于 11 月上旬（多年平均出现日期为 11 月 5 日），见表 1-1。商洛春、夏、秋、冬四季长度分别为 74 d、77 d、69 d、145 d，见表 1-2。

表 1-1 商洛市四季起始日统计

季节	春季	夏季	秋季	冬季
最早起始日期	3 月 5 日（2013 年）	5 月 24 日（1995 年）	8 月 10 日（1993 年）	10 月 20 日（1981 年）
最晚起始日期	4 月 23 日（1963 年）	6 月 26 日（1980 年）	9 月 12 日（1999 年）	11 月 23 日（1980 年）
平均起始日期	3 月 30 日	6 月 13 日	8 月 28 日	11 月 5 日

表1-2　商洛市四季长度统计

季节	春季	夏季	秋季	冬季
平均季节长度(d)	74	77	69	145

商洛地处秦岭腹地，大陆性季风气候特征明显，相邻季节的气温差值在10 ℃左右，季节差异大，入春时间早（同纬度地区相比），夏季湿润凉爽，秋季天高气爽，冬季少有严寒。整体而言，商洛四季分明，冬无严寒，夏无酷暑。

■ 1.2　降水适中，雨热同步

全国多年平均降水量分布图（图1-5）表明：中国西北地区降水量总体偏小，年降水量在200～600 mm，而商洛处在北亚热带向暖温带过渡区，全市年降水量在660～1041.6 mm，在西北地区是降水量较丰沛的地方。

商洛降水充沛，雨日适中。年平均降水量748.0 mm；最多年

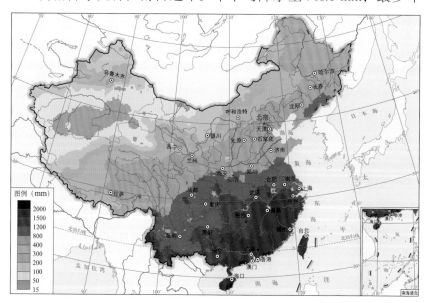

图1-5　中国多年平均降水量分布图

（1983 年）的降水量达 1156.2 mm；1 月及 12 月平均降水量最少，分别为 7.4 mm 和 8.0 mm；7 月平均降水量最多，为 151.5 mm。年平均雨日为 110.3 d；7 月平均雨日最多，为 18.5 d；12 月平均雨日最少，为 7 d。

商洛不仅降水充沛，且雨热资源（降水与气温）在时间尺度上的配置也比较均衡，随着月平均气温的上升和下降变化，降水总体上也呈现出上升和下降的趋势，年内气温与雨量的分配基本呈同步变化态势（图 1-6）。全年雨热配置的最大优势在夏季。商洛夏季（6—8 月）各月降水量在 100 mm 以上，6—8 月平均气温分别为 23.8 ℃、24.3 ℃和 23.2 ℃，极少出现夏旱现象；自然的雨热同步资源配置，满足各种生物良好生长的条件，塑造了秦岭优美的生态环境。

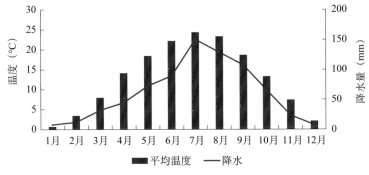

图 1-6　商洛市各月降水量与气温分布图

1.3　山地气候，类型多样

商洛全市土地总面积为 19 292 km²，东西长约 229 km，南北宽约 138 km。按地形类型大体划分为川原、低山、中山和中高山区四大类；海拔 600 m 以下的川原区，占全区总面积的 2.86%；海拔 1000 m 以下（600～1000 m）的低山区，占全区总面积的 70.86%；海拔 1000 m 以上（1000～1800 m）的中山区，占全区总面积的 16.28%；海拔 1800 m 以上的为中高山区，占全区总面积的 3.2%。1000 m 以上的高山有 3573 座。可以看出，全市九成以上的区域为山地。由于地形海拔差异大、地貌丰富多样，因此，商洛垂直气候差异

明显，部分高山从山脚到山顶可跨越多个气候带，具有典型的山地立体气候特征。

对商洛市近5年（2013—2017年）的131个区域自动气象站的气温、降水资料进行分析，并利用积温指标对商洛山地气候进行划分，结果表明：

商洛山区年平均气温随海拔高度增加，总体呈现递减趋势，见图1-7。低海拔的川原区（215.4～600.0 m）年平均气温在13.5～14.9 ℃；低山区（600～1000 m）在11.0～13.5 ℃；中山区（1000～1800 m）在9.5～11.0 ℃；中高山区（1800 m以上）则在7.3～9.5 ℃，见表1-3。其中2000 m以上的高山地区，其冬季最冷月均温在0 ℃以下，常有雨凇和积雪现象，是滑雪运动的理想地，商洛牧户关滑雪场就是其中之一。

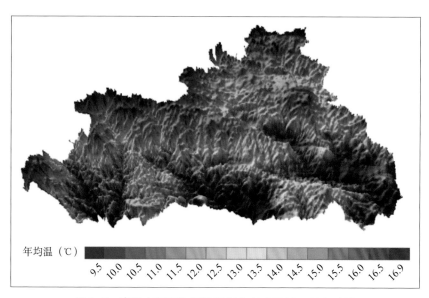

图1-7　商洛市年平均气温空间分布（2013—2017年）

表1-3　商洛市不同海拔区域的气温（2013—2017年）

海拔高度（m）	年均温（℃）	最冷月均温（℃）	最热月均温（℃）	年最低气温（℃）	年最高气温（℃）
≥1900	*9.3	*-1.4	*18.2	*-13.4	*25.8
1800～1900	*9.7	*-1.0	*18.8	*-12.9	*26.6

续表

海拔高度 （m）	年均温 （℃）	最冷月均温 （℃）	最热月均温 （℃）	年最低气温 （℃）	年最高气温 （℃）
1700～1800	*10.2	*-0.6	*19.3	*-12.4	*27.4
1600～1700	*10.6	*-0.2	*19.9	*-12.0	*28.2
1500～1600	*11.1	*0.2	*20.5	*-11.5	*29.0
1400～1500	*11.5	*0.6	*21.1	*-11.0	*29.8
1300～1400	*12.0	*0.9	*21.6	*-10.6	*30.6
1200～1300	11.8	-0.1	22.0	-10.1	31.4
1100～1200	13.2	2.3	23.0	-9.4	32.5
1000～1100	13.7	2.7	23.4	-9.8	33.6
900～1000	13.8	2.7	24.3	-9.5	33.6
800～900	14.0	2.9	23.9	-9.3	34.8
700～800	15.0	3.2	25.7	-7.7	36.3
600～700	15.6	4.4	25.6	-7.1	36.3
500～600	15.5	3.7	25.9	-7.5	36.9
400～500	16.1	4.6	26.8	-6.8	38.3
300～400	16.5	4.8	27.2	-6.5	38.8
200～300	16.9	5.0	28.0	-6.1	39.3

注：*标识值为回归统计方法推得。

　　年≥0 ℃和≥10 ℃活动积温均随海拔高度升高呈现递减趋势。在海拔200～700 m的地区，≥0 ℃的活动积温平均值为4916.1 ℃·d，≥10 ℃的活动积温平均值为4358.0 ℃·d；在海拔800～1000 m的区域，其≥0 ℃的活动积温平均值为4238.9 ℃·d，≥10 ℃的活动积温平均值为3754.3 ℃·d；而在1100 m以上的区域，积温值会随着高度的增加而减小。

　　降水随海拔高度的变化比较复杂。在海拔高度300～1000 m区域内，年降水量随海拔升高总体递减；海拔600 m以下的区域，年降水量在750 mm左右；在700 m高度的区域，平均年降水量可达700 mm；在海拔高度700～900 m区域内，年降水量为680 mm，呈现出随海拔升高而减少的趋势，如图1-8所示。

年平均降水量（mm）

700 750 800 850 900 950 1000

图 1-8　商洛市年平均降水量空间分布（2013—2017 年）

综上所述，商洛南北跨越北亚热带、暖温带两个气候带，在垂直尺度上，年平均气温变幅大，从 14.3 ℃至 7.5 ℃，降水从 1041.6 mm至 663.6 mm。

商洛地区地形的海拔差异和地貌的丰富多样，使得商洛垂直气候特征明显，山地小气候多样。

▌ 1.4　气候变化趋势分析

近 57 年（1961—2017 年），商洛市的年平均气温总体呈上升趋势，57 年内上升了约 0.5 ℃，增温幅度约为 0.09 ℃/10 a。温度高值的年份主要集中在 1997 年以后，其中 2013 年和 2016 年的平均气温分别为最高和次高（图 1-9）。年降水量在 57 年内呈上下起伏变化状态，但其增加或减少的幅度不大（图 1-10）。

以全球模式（BCC-CSM1.1）2019—2049 年和 2019—2069 年集合预估的格点数据（分辨率 0.5°×0.5°）为基础，分析在 RCP4.5情景下的气候模式预估结果均显示，在未来 30 年，商洛市年平均气温将会进一步升高，年降水量将呈现增加的趋势（表 1-4），而在未来 50 年内，商洛市年平均气温将会进一步升高，RCP4.5 情景下年降水量略有增加。

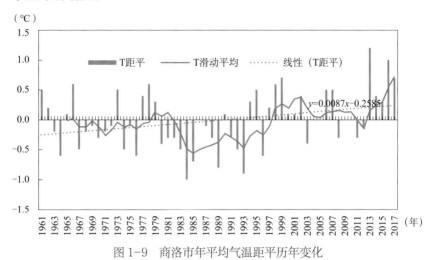

图 1-9 商洛市年平均气温距平历年变化

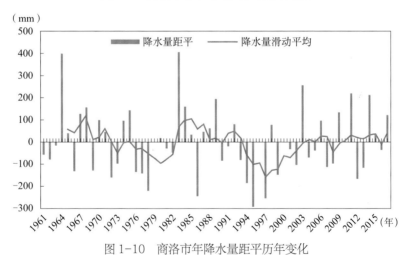

图 1-10 商洛市年降水量距平历年变化

表 1-4 商洛市温度与降水变化

项目	温度变幅（℃/10 a）	降水变幅（mm/10 a）
SRES 排放情景	RCP4.5	RCP4.5
商洛市（2019—2049 年）	0.16	42.01
商洛市（2019—2069 年）	0.18	24.34
陕西省平均值（2019—2049 年）	0.14	31.93
陕西省平均值（2019—2069 年）	0.18	1.47

1.5　气候关联指标占优

　　选取公众认知度高且与休闲养生关联密切的主要生态气候指标（或指数），来评价商洛市生态气候资源在休闲养生方面的适宜性。为了便于城市间的对比分析，本书最终选取人体舒适度气象指数（BCMI）、寒冷指数（CI）、温湿指数（HI）等作为休闲养生的气候关联指标。

　　选取具有区域代表性的 31 个城市进行比较，将选取的城市划分为 3 个层次，即国内省会城市、国内旅游城市、同纬度周边城市。

　　利用全国城市气象台站的气候整编资料，对商洛等 31 个城市的人体舒适度气象指数、寒冷指数和温湿指数计算结果（商洛市数据见表 1-5）进行分析。

表 1-5　商洛市 BCMI 等级、寒冷指数（CI）和温湿指数（HI）计算结果

月份	1月	2月	3月	4月	5月	6月	7月	8月	9月	10月	11月	12月
BCMI 等级	2级	2级	3级	4级	5级	5级	5级	5级	5级	4级	3级	2级
CI 值	654	629	539	410	305	219	173	188	274	377	510	615
HI 值	39	42	48	57	63	69	73	72	64	56	47	40

　　商洛市人体舒适度气象指数（BCMI）分析：商洛市 4 月和 10 月的 BCMI 值介于 51～58，按人体舒适度分级标准为 4 级，对应的人体感觉为偏凉，大部分人舒适；5—9 月的 BCMI 值介于 59～70，为 5 级，对应的人体感觉最为舒适。即全年有 7 个月（4—10 月）的气候让大部分人感觉舒适，其中 5 个月（5—9 月）的气候让人感觉最为舒适。

　　按国际上气候适宜区的分类标准（BCMI 等级为 4～6 级的总天数大于 165 d 的地区为一类气候适宜区，151～165 d 的地区为二类气候适宜区，少于 151 d 的地区为三类气候适宜区），商洛有 7 个月 BCMI 等级介于 4～6 级，总天数达 197 d，属于一类气候适宜区。

寒冷指数（CI）分析：在冷应力区间（11月至次年4月）内，商洛市的寒冷指数值均在700 kcal/（m²·h）以下，按CI值对应的人体感分级标准，除最冷的冬季月份（12月至次年2月），商洛的CI值对应人体感为"稍冷"外，其余月份为"凉"，冬季无"寒冷"不适气候，无冷胁迫感。

温湿指数（HI）分析：在热应力区间（5—10月）内，商洛温湿指数（HI）均处于较舒适及以上级别范畴，其中5月和9月的温湿指数（HI）值分别为63和64，处于非常舒适级别，6月、8月和10月属暖舒适级别，即便是夏季最热月7月，商洛温湿指数仅为73，处于偏热较舒适级别。并且商洛昼夜温差较大，夏季气温平均日较差达18~25 ℃，山区更具备"避暑纳凉"的优势，说明商洛夏季无"闷热"不适气候，无热胁迫感，人体感觉适宜。

度假气候指数（HCI）分析（图1-11）：商洛1—5月和7—9月的HCI指数为上升趋势，5—7月和9—12月表现为下降趋势，12月至次年2月商洛HCI值处于全年较低水平。商洛冬季气温较低，低温、雨雪偶尔会给人们旅游出行带来不便，故冬季商洛HCI值表现为全年最低。

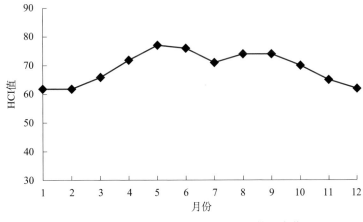

图 1-11　商洛市度假气候指数（HCI）值月变化图

按照度假气候指数（HCI）的旅游适宜期评级分类标准，商洛全年12个月全部适宜旅游出行。其中，冬半年5个月（11月至次年3

月）为度假旅游的"适宜期"，夏半年 7 个月（4—10 月）为度假旅游的"很适宜期"。商洛 5 月春暖花开，光照、温度、湿度、降水和云量较为适中，为一年中度假气候指数最高的月份，另外，商洛夏季气温、湿度适宜，度假气候指数在一年中处于相对较高季节，成为人们避暑观光、休闲康养的好去处。

人体舒适度气象指数（BCMI）对比分析（表 1-6）：在所选的 31 个城市中，除广州、厦门等南方沿海城市冬、春季 BCMI 等级较高外，其他 29 个城市的"适宜期"主要集中在 4—10 月，全年气候"舒适"月份达 7 个或以上的有 17 个城市，商洛不仅"舒适"月份达 7 个月，而且"最舒适期"月份最长，达 5 个月，人体舒适度气象指数（BCMI）明显优于其他城市。

表 1-6　商洛与国内其他城市人体舒适度气象指数（BCMI）等级比较

	地点	1月	2月	3月	4月	5月	6月	7月	8月	9月	10月	11月	12月
	商洛	2	2	3	4	5	5	5	5	5	4	3	2
省会城市	北京	2	2	3	4	5	5	6	6	5	4	2	2
	上海	2	3	3	4	5	5	6	6	5	5	4	3
	杭州	2	3	3	4	5	5	7	6	5	4	4	3
	成都	2	3	3	4	5	5	6	6	5	4	4	3
	广州	4	4	4	5	6	6	7	7	6	5	5	4
	哈尔滨	1	1	2	3	4	5	5	5	4	3	2	1
	济南	2	2	2	2	3	4	4	4	3	2	2	2
	南京	2	2	2	4	5	5	6	6	5	4	3	2
	沈阳	1	2	2	3	4	5	5	5	4	3	2	2
	武汉	2	2	3	4	5	6	7	7	6	4	4	3
	郑州	2	2	3	4	5	5	6	6	5	4	3	2
	西安	2	2	3	4	5	4	5	5	5	4	3	2
旅游城市	大连	2	2	2	3	4	5	5	6	5	4	2	2
	天津	2	2	3	4	5	5	6	6	5	4	2	2
	贵阳	2	2	3	4	5	5	5	5	5	4	3	3
	兰州	2	2	2	3	4	5	5	5	4	3	2	2
	银川	2	2	2	3	4	5	5	5	4	3	2	2

续表

地点		1月	2月	3月	4月	5月	6月	7月	8月	9月	10月	11月	12月
旅游城市	昆明	3	3	4	4	4	5	5	5	4	4	3	3
	拉萨	2	2	3	3	3	4	4	4	4	3	3	2
	厦门	3	3	4	4	5	6	6	6	5	5	4	4
	洛阳	2	2	3	4	5	5	6	5	5	4	3	2
	十堰	2	3	3	4	5	6	6	6	5	4	3	2
	天水	2	2	3	4	4	5	5	5	4	3	3	2
省内城市	榆林	2	2	2	3	4	5	5	5	4	3	2	2
	铜川	2	2	3	3	4	5	5	5	4	3	2	2
	咸阳	2	2	3	4	4	5	6	5	5	4	3	2
	宝鸡	2	2	3	4	5	5	6	6	5	4	3	2
	渭南	2	2	3	4	4	5	6	6	6	4	3	2
	汉中	2	3	3	4	4	5	6	6	5	4	3	2
	安康	2	3	3	4	4	5	6	6	5	4	3	2

注：蓝色区表示"舒适期"，绿色区表示"最舒适期"。

与国内有代表性的 12 个省会城市对比，商洛的人体舒适度气象指数冬季比北方城市好，春、夏、秋三季比南方城市好，全年舒适月份与北京、西安、郑州、南京等城市接近，都是 7 个月。但 7—8 月人体舒适度指数只有商洛全为 5 级（最舒适），最舒适月份比上述 4 城市都长 1~2 个月，商洛全年人体舒适度气象指数与国内大城市比较明显偏优。

与国内有代表性的 11 个旅游城市对比，商洛的人体舒适度气象指数冬季比厦门差，比兰州等北方城市好，夏季比厦门、南京等南方城市好，全年舒适月份与贵阳、昆明、洛阳、十堰等城市接近，都是 7 个月。但最舒适月份比上述 4 城市都长 1~2 个月，商洛全年人体舒适度气象指数在国内旅游城市比较中有明显优势。

与周边同纬度的咸阳、宝鸡、渭南、汉中、安康、洛阳、十堰和天水这 8 个城市相比，天水舒适期长度 6 个月，且 5 月和 9 月舒适度指数为 4 级（偏凉）；其余 7 个城市的舒适期长度与商洛相同，但 6 月、7 月、8 月舒适度指数全部为 5 级的只有商洛市，与全省其他地

市级城市比较，商洛排名第一。

在所选的 31 个城市中，只有商洛"最舒适期"长达 5 个月，排名第一，具备突出优势。总的来说，商洛市气候人体舒适度气象指数综合水平处于"上位优势"。

与国际上一些知名城市相比，商洛的人体舒适度气象指数亦具有一定优势。商洛与 8 个国外城市的人体舒适度气象指数（BCMI）进行对比（表 1-7），商洛有 5 个月"最舒适期"，仅少于非洲埃及开罗（7 个月）和南美阿根廷圣地亚哥（6 个月），明显高于欧洲奥地利维也纳（2 个月）和匈牙利布达佩斯（3 个月）；南亚菲律宾马尼拉城市的总"舒适期"虽长，但"最舒适期"（仅 1 个月）太短，而印度新德里夏季各月（6—8 月）均处于炎热，与商洛相比气候舒适度均较差；具有地中海式气候的开罗和显著性海洋季风气候的圣地亚哥，它们的"舒适期"不仅长且"最舒适期"的月份也较多，气候舒适度优于商洛。

表 1-7　商洛与国外城市人体舒适度气象指数（BCMI）等级比较

地点	1月	2月	3月	4月	5月	6月	7月	8月	9月	10月	11月	12月
亚洲·中国商洛市	2	2	3	4	5	5	5	5	5	4	3	2
欧洲·奥地利维也纳	2	2	2	3	4	4	5	5	4	3	2	2
欧洲·匈牙利布达佩斯	2	2	3	3	4	5	5	5	4	3	3	2
南亚·菲律宾马尼拉	6	5	6	6	6	7	6	6	6	6	6	6
南美·阿根廷圣地亚哥	6	5	5	5	4	4	4	4	5	5	5	5
北美·美国新奥尔良	3	3	4	5	5	6	6	6	6	5	4	3
非洲·埃及开罗	4	4	4	5	5	5	5	5	5	5	4	4
亚洲·印度新德里	4	4	5	5	6	7	7	7	6	5	5	4
亚洲·日本鹿儿岛	1	2	2	3	3	4	5	5	4	3	2	2

注：蓝色区表示"舒适期"，绿色区表示"最舒适期"。

寒冷指数（CI）对比分析（表 1-8）：我国北方城市的冬季（12 月至次年 2 月），因气温过低，多个月份的 CI 值在 800 以上，尤其是北京以北的城市（如大连、沈阳、哈尔滨等），冬季月份的 CI 值均对应着"冷"的级别；南方城市尤其是武汉以南的城市，冬季的 CI 值多处在 700 以下，人们只是感觉"很凉"；再往南的城市就仅有"凉"的级别。商洛的 CI 值全年在 219～654，有 6 个月是"舒适"、3 个月是"凉"，冬季 3 个月是"很凉"，没有"冷"。

表 1-8　商洛与国内城市寒冷指数（CI）计算值比较

地点		1月	2月	3月	4月	5月	6月	7月	8月	9月	10月	11月	12月
商洛		654	629	539	410	305	219	173	188	274	377	510	615
省会城市	北京	860	788	646	452	296	195	148	167	278	436	649	810
	上海	648	620	545	416	291	202	103	112	195	306	437	569
	杭州	645	611	527	386	266	188	95	112	207	314	445	583
	成都	534	501	437	342	248	195	159	171	229	311	395	495
	广州	392	382	312	230	155	116	99	96	122	177	271	357
	哈尔滨	1201	1088	913	662	458	299	240	268	429	656	951	1123
	济南	1281	1195	1056	856	659	509	437	460	594	778	1022	1229
	南京	696	665	574	417	279	193	114	127	225	345	495	630
	沈阳	1049	954	808	592	401	266	199	216	361	565	819	981
	武汉	594	541	468	331	220	142	85	99	186	298	417	539
	郑州	755	693	591	415	276	164	134	157	254	382	565	716
	西安	750	714	600	444	322	200	157	198	296	424	597	709
旅游城市	大连	1011	950	814	629	453	327	244	223	318	510	747	931
	天津	826	777	650	459	305	193	139	153	263	424	631	776
	贵阳	669	652	557	432	347	286	264	250	313	411	509	613
	兰州	927	849	726	565	395	281	240	274	395	562	746	880
	银川	892	822	695	523	368	256	209	249	365	522	702	845
	昆明	554	530	462	380	328	288	275	273	311	366	450	524
	拉萨	717	694	630	540	462	379	338	355	384	488	600	673
	厦门	503	495	440	333	240	171	122	127	167	254	349	454
	洛阳	794	737	625	442	298	189	160	190	285	418	600	755
	十堰	537	511	449	330	228	157	116	135	214	373	411	518
	天水	652	626	525	403	312	235	193	217	299	389	514	616
省内城市	榆林	884	823	710	538	374	263	214	263	369	522	705	850
	铜川	802	738	646	496	367	266	222	253	356	499	659	778
	咸阳	750	714	600	444	322	200	157	198	296	424	597	709

续表

	地点	1月	2月	3月	4月	5月	6月	7月	8月	9月	10月	11月	12月
省内城市	宝鸡	630	594	513	379	275	188	150	182	265	369	490	592
	渭南	644	607	509	371	258	155	125	155	246	350	506	621
	汉中	542	532	467	345	260	186	146	158	238	332	444	524
	安康	578	547	465	342	244	165	121	135	223	327	443	545

注：无色表示"舒适"，蓝色表示"凉"，黄色表示"很凉"，红色表示"冷"。

与国内城市对比，商洛的寒冷指数显著低于北方城市，高于南方城市，接近南京、郑州，好于北京、西安、贵阳等城市。

与同纬度的洛阳、西安和天水相比，商洛各月 CI 值明显优于洛阳、西安，与天水 CI 值和级别相当。总体来看，商洛在所选的 31 个城市中处于"中上偏优"的地位。

温湿指数（HI）对比分析：商洛的温湿指数在 39～73（表 1-9），表明商洛气候舒适，不闷热，在 31 个城市中，商洛与北京、沈阳、西安、天津、贵阳、银川等城市的温湿指数计算结果基本处于同一水平。

郑州、武汉、南京等城市，舒适期长度与商洛相同，都为 5 个月，但前三者都有 1～3 个月的指数大于 75 的闷热天气，只有商洛没有出现 HI 指数大于 75 的级别（闷热，不舒适），即使在夏季 7—8 月也不会出现闷热不舒适天气，优势明显。

与同纬度的洛阳、渭南、十堰和天水相比，洛阳、渭南和十堰在 7—8 月均出现指数大于 75 的闷热天气，天水与商洛指数值接近。与省内秦岭南坡城市汉中、安康相比舒适期相近，但只有商洛无大于 75 的闷热天气。

总之，商洛的温湿指数（HI）在所选的 31 个城市中处于"上位优势"。

在所选的 31 个城市中，商洛人体舒适度气象指数（BCMI）处于"上位优势"，寒冷指数（CI）处于"中上偏优"，温湿指数（HI）为"上位优势"。从这三个气候指标的整体水平而言，商洛气候休闲养生的适宜性在所选城市中具有明显的总体优势。

表 1-9　商洛与国内城市温湿指数（HI）计算值比较

地点		1月	2月	3月	4月	5月	6月	7月	8月	9月	10月	11月	12月
商洛		39	42	48	57	63	69	73	72	64	56	47	40
省会城市	北京	36	40	48	58	66	72	76	75	67	56	44	38
	上海	43	46	51	59	67	74	80	80	74	66	57	47
	杭州	43	46	52	61	69	74	81	80	73	65	56	47
	成都	43	47	53	61	68	73	76	75	69	62	54	46
	广州	59	60	65	71	77	80	81	81	78	74	67	61
	哈尔滨	10	19	35	49	59	67	72	69	59	47	30	15
	济南	30	32	37	46	54	60	64	62	56	48	40	33
	南京	40	44	50	60	68	74	80	79	72	63	52	43
	沈阳	21	30	41	53	62	69	74	73	63	51	38	26
	武汉	42	46	52	63	71	76	81	80	73	64	54	45
	郑州	39	43	50	60	68	74	78	76	68	60	49	41
	西安	36	41	48	57	65	72	76	74	66	56	45	37
旅游城市	大连	33	36	43	53	61	68	73	74	68	58	46	37
	天津	33	38	47	58	66	73	77	76	68	58	45	36
	贵阳	42	44	51	59	64	68	70	70	66	59	53	45
	兰州	26	34	43	53	60	66	68	66	59	49	39	28
	银川	29	36	45	55	62	68	71	69	61	51	40	30
	昆明	50	53	58	62	65	67	67	67	64	60	54	50
	拉萨	41	42	46	50	55	59	61	60	57	52	46	41
	厦门	55	56	59	65	72	77	80	80	77	71	65	59
	洛阳	39	43	49	59	67	73	76	74	67	59	49	42
	十堰	41	44	51	61	68	74	78	76	69	60	51	44
	天水	35	40	47	56	62	68	71	69	62	53	44	37
省内城市	榆林	27	35	44	54	62	68	72	68	60	50	39	30
	铜川	34	39	46	55	62	68	72	69	62	53	43	36
	咸阳	36	41	48	57	65	72	76	74	66	56	45	37
	宝鸡	38	43	49	58	66	72	75	73	66	57	47	40
	渭南	36	42	50	59	67	74	77	75	67	57	46	38
	汉中	39	44	51	60	67	72	76	75	68	59	49	41
	安康	42	46	52	61	68	74	78	77	70	61	51	43

注：蓝色表示"大部分人舒适"，黄色表示"近50%的人不适"，红色表示"大部分人感觉不适"。

山阳天竺山

第 2 章

生态优美

●●●

　　商洛奇山秀水，野花遍地，林荫苍翠，硕果飘香，是西北地区生态保存最完好的一块绿色宝地，拥有西北地区首位、全省第一的森林覆盖率，境内动植物种类繁多、生物多样性突出，生态环境优良。

　　商洛始终坚持"生态立市"战略，大规模推进造林绿化，严格森林资源管护，着力培育林果特色产业，积极发展绿色经济，努力营造青山绿水、蓝天白云、人与自然和谐的优美环境。根据《中国生态环境质量报告》对全国 2461 个县的生态环境综合评价（图 2-1），商洛市七县（市、区）全部达到"良"以上，3 个县达到"优"。商洛连续3 年空气优良天数稳居全省第一，在西北地区首屈一指，是一座名副其实的生态优佳城市。

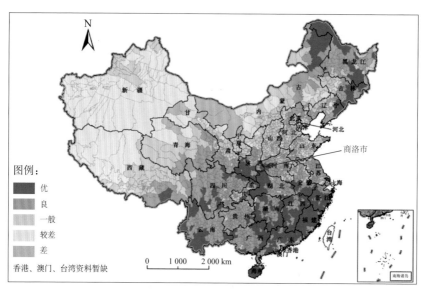

图 2-1　2015 年全国生态环境质量分布图

　　中国环境监测总站和省环境监测中心质量公报显示，2016 年商洛空气优良天数 310 d，2017 年优良天数 331 d，持续在全省排名第一。这些数字充分说明商洛天蓝山青、环境优美，"商洛蓝"已成为一抹亮丽的色彩。

2.1　森林丰茂，物种丰富

商洛市自然资源比较丰富，素有"南北植物荟萃""南北生物物种库"之美誉。全市林地面积 1 603 468 hm²，占总面积的 81.82%。森林覆盖率 69.6%，林木绿化率 71.7%，全市活立木总蓄积量为 4318.7 万 m³。有林地面积 1 215 474.1 hm²，其中：生态公益林面积 635 917.8 hm²，占 52.32%；商品林面积 579 556.3 hm²，占 47.68%。商洛林业资源丰富，各类植物资源 1324 种，被列为国家重点保护的野生珍稀植物有红豆杉、银杏、兰科等 45 种。全市共有散生古树 1021 株，古树群 41 个 407 219 株。散生古树名木（如图 2-2）按保护等级分：特级 51 株、一级 274 株、二级 276 株、三级 420 株。

（a）洛南县古城镇"中国核桃王"树龄约 500 年　（b）山阳县"红豆杉"树龄约 1000 年

图 2-2　商洛的古树名木

据中国兰科植物协会专家证实，商洛市是我国极少数保存较完整的兰科植物群落分布地区之一，兰科植物基因十分丰富。商洛市共分布有野生兰科植物 21 属 29 种，其中兰属中的春兰和惠兰（图 2-3）分布范围广，许多兰花种在其分布区内自然变种与生态型很多，是重要的遗传育种亲本材料。

商洛独特的地理位置和气候条件，孕育了丰富的生物资源，境内野生动物种类繁多，根据商洛地区陆生野生动物资源调查报告，野生动物 27 目 84 科 358 种，其中鸟类 17 目 48 科 245 种；兽类 6 目 22

(a)
图2-3　商洛的春兰（a）、惠兰（b）

科74种；两栖类2目6科11种；爬行类2目8科28种。商洛市分布的国家一级保护动物有豹、云豹、羚牛、黑鹳、金雕、白肩雕、林麝7种。国家二级保护动物有豺、黑熊、青鼬、大灵猫、小灵猫、金猫、斑羚、鬣羚、大天鹅、斑头鸺鹠等37种（如图2-4）。

(a)　　　　　　　　　　　　　　　(b)
图2-4　商洛的云豹（a）、羚牛（b）

丰富的林业资源，独特的气候条件，山涧路旁溪水潺潺、奇花异草，使商洛处处是美景，森林旅游已成商洛经济发展的主要支柱。全市已建4A级以上国家森林公园10处（其中"5A"级1处），总面积达27 347 hm²。"秦岭最美是商洛""商洛人免费游商洛"产生深远影响，森林旅游对农民增收的作用日益凸显。

商洛水热资源的空间分布差异明显，使商洛森林资源丰富多样。境内的森林资源随气候带分布大致分为两大类型，各有三个垂直分层，见图2-5。

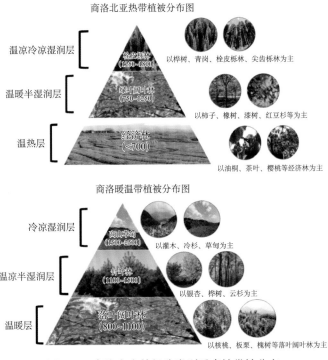

图 2-5　商洛市森林组分类别垂直地带性分布

（1）北亚热带山区有温热层（低于 700 m）、温暖半湿润层（750～1250 m）和温凉冷凉湿润层（1250～1800 m）。生长的树种主要有茶叶、柑橘、核桃、油桐、板栗、柿子、常绿阔叶树、中药材、栓皮栎林等喜暖性经济林木，也是粮油主产区。

（2）暖温带山区包括温暖层（800～1100 m）、温凉半湿润层（1100～1500 m）和冷凉湿润层（1500～2500 m）。生长的树种主要有常绿阔叶林的落叶林、栓皮栎林、华山松、尖齿栎林带、桦木林带、云杉林带、冷杉林带和高山草甸。中山区是用材林和主要的水源涵养林区。

2.2　活水源头，水质优良

商洛以商山洛水得名，地跨长江、黄河两大流域，流域总面积

19 292 km²。其中长江流域 16 653.9 km²，占总面积的 86.3%；黄河流域 2638.1 km²，占总面积的 13.7%。主要有丹江、伊洛河、金钱河、乾佑河、旬河五大河流，纵横交错，支流密布，共有大小河流及其支流 72 500 多条。其中流长 10 km 以上的约 240 条，集水面积 100 km² 以上的 67 条，河网密度大于 1.3 km/km²。

商洛水资源主要来自天然降水，全年降水量在 660～1041.6 mm，点年最大降水量 1092.5 mm（木王）。降水量在空间上受地形影响由河谷向山地随着高度的增加而增加，基本上是川道少于山地，高山多于低山，而商洛市水资源以降水补给为主，全市多年平均水资源总量为 50.14 亿 m³，其中，黄河流域水资源总量为 6.14 亿 m³，长江流域水资源总量为 44.0 亿 m³。人均水资源占有量为 2109.4 m³，人均和亩均水资源量是陕西省平均水平的 1.8 倍，属水资源相对丰富地区，充足的降水使商洛密林坡头、沟沟岔岔清泉四溢，溪水奔流。

商洛是丹江的发源地，丹江全长 400 多千米，流经商洛的商州区、丹凤县、商南县，最后从商南的白浪镇月亮湾出境，经河南淅川入丹江口水库。商洛市是南水北调中线工程的水源涵养地。随着南水北调中线工程正式通水，奔涌的丹江水一路滋养河南、河北、天津、北京，沿线四省（市）1.6 亿人从中受益。

山地立体气候和丰沛的降水（表 2-1 和图 2-6），形成了商洛丰富且具有山地特征的湿地系统。全市建成挂牌国家级湿地公园 1 个，试点建设国家级湿地公园 2 个，其中丹江国家湿地公园水体主要是丹江干流及丹江支流老君河、资峪河、武关河、银花河的滩涂及县域内的鱼岭水库、龙潭水库、苗沟水库等，总面积达 1.28 万 hm²。湿地具有较强的调节功能，对保护生态环境及生物多样性、淡水资源、均化洪水、调节气候、降解污染物以及为人类生产生活服务等方面都发挥着重要作用。

表 2-1　商洛市各县年平均降水量和年均降水日数

站名	洛南	商州	丹凤	商南	山阳	镇安	柞水	平均
年降水量（mm）	706.7	668.1	700.6	853.4	735.1	771.5	761.4	742.4
年降水日数（d）	112.5	103.1	105.4	117.2	109.9	110.1	114.2	110.3

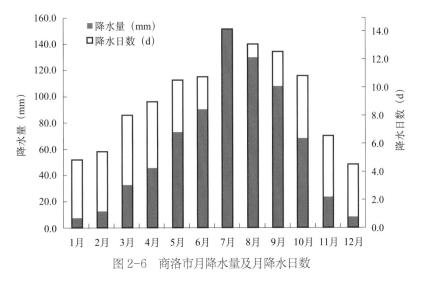

图 2-6 商洛市月降水量及月降水日数

商洛市以"水润商洛、水美商洛、水兴商洛"为目标,为确保"一江清水供京津"以及丹江源头水资源不受污染,近年来,市委、市政府投资 14.4 亿元,全面启动丹江等流域污染防治工作,以"实现丹江出境断面水质达到 II 类"为目标,突出工业污染防治、生活污水垃圾污染治理、农业面源污染治理等重点,实施城镇环境综合治理、沿江小流域治理、工业污染防治等八类重点工程,加强环保基础设施建设和执法监管,提高河水自净能力和应急处置能力。以"宁可不要发展,也要护好水源"的政治姿态,铁腕治理、全力保护,全面落实《丹江口库区及上游水污染防治和水土保持"十三五"规划》。保持了商洛监测断面水质达标率 100%,稳居全省第一。

■ 2.3 天蓝山青,空气清新

根据陕西省环境保护厅发布的 2017 年 1—12 月全省空气质量状况,2017 年 1—12 月,商洛市区空气质量优良天数为 331 d,比例90% 以上(图 2-7),空气质量优良天数较上年增加 21 d;商洛 $PM_{2.5}$ 年均浓度值为 36 μg/m³,低于 39 μg/m³ 的年度控制目标任务,排名

全省第一。2018 年 1 月，环境保护部通报了全国 338 个城市空气质量状况，商洛空气质量优良天数比全国平均多 46 d；有 331 d 达到优良等级（2017 年），其中 I 级天数 87 d，II 级天数 244 d，$PM_{2.5}$ 年均浓度值 36 μg/m³，达到环境空气质量二级标准。

图 2-7　商洛市区 2017 年空气质量优良天数图

秦岭时刻守护着商洛的蓝天。2016 年 12 月，重度雾霾笼罩全国大部地区，12 月 18 日，商洛周边主要城市西安空气质量指数（AQI）为 362，咸阳 AQI 为 325，渭南 AQI 为 337，均属严重污染，安康 AQI 为 124，属轻度污染；而商洛 AQI 为 78，空气质量为良。说明秦岭的天然阻挡效果非常显著，为呵护"商洛蓝"发挥了重要的生态屏障作用。

商洛优的空气得益于高森林覆盖率和秦岭自然屏障作用。森林不仅具有巨大的造氧功能，而且能够阻挡、过滤、吸收有害气体和放射性物质，吸附固定尘土，而中国地理南北分界秦岭则冬半年阻挡着来自极地方向的寒冷气团，夏半年拦截来自热带湿热气团的水汽，此外，秦岭的自然屏障作用也阻挡了关中地区雾霾的南侵。近年来，在商洛周边大部分地区灰霾天气频发，商洛凭借高覆盖度的森林优势及秦岭的天然屏障作用，灰霾天气极少发生，"商洛蓝"成为商洛空气优良的代名词。

《2015 年全国生态环境质量报告》显示，商洛全市的生态环境质量（EI 指数）高达 66.2，市区达 58.0，高于全国平均水平（全国生态环境质量指数 EI 值为 51.6），在西部 1016 个县域中排名前列。商洛的雾霾日数及气溶胶含量全省最低，空气质量优良率连续多年稳居全省第一。

2.4　生态关联指标领先

依据政府部门、科研机构发布的相关报告及文献资料（2017 年数据），本书收集了国内 24 个城市与休闲养生关联密切的 4 项指标（森林覆盖率、断面水质达标率、优良空气天数、国家 4A 级以上生态景区数量）汇总列入表 2-2。

表 2-2　商洛与国内其他城市休闲养生生态关联指标汇总对比

	地点	森林覆盖率（％）	断面水质达标率（％）	优良空气天数（d）	4A 级以上景区数（个 /10³km²）
	商洛	69.6	100.0	331	0.53
省会城市	北京	34.3	85.3	274	4.32
	上海	36.8	61.5	322	0.74
	杭州	41.5	85.7	342	0.45
	成都	41.7	52.8	346	1.52
	广州	43.2	95.8	351	1.12
	哈尔滨	76.0	95.7	328	0.97
	济南	49.0	68.1	317	0.08
	南京	38.0	94.2	330	0.43
	沈阳	64.5	93.8	336	1.74
	武汉	31.1	45.5	332	0.36
	郑州	46.1	68.2	352	0.28
	西安	48.0	62.5	192	2.87
旅游城市	大连	18.3	100.0	363	0.07
	天津	16.7	50.0	226	2.77
	贵阳	35.0	51.3	317	0.45
	兰州	16.7	100.0	243	0.38
	银川	22.8	100.0	252	0.95
	昆明	30.0	75.3	310	0.23

续表

地点		森林覆盖率 （%）	断面水质 达标率（%）	优良空气 天数（d）	4A级以上景区数 （个/10³km²）
旅游城市	拉萨	31.0	66.7	305	2.11
	厦门	33.8	37.6	319	1.07
	洛阳	47.0	100.0	210	1.71
	十堰	64.7	94.1	314	0.76
	天水	35.9	75.0	305	0.49

从表 2-2 可以看出，参与比较的 24 个国内城市中，商洛以 69.6% 的森林覆盖率位居第二；市域内断面监测水质达标率，商洛以 100% 居首之一；年内优良空气天数达 331 d 位居第八，空气质量优；单位面积 4A 级以上（含 4A 级）生态旅游景区的数量，商洛 0.53 个/10³km²，属中等。

综上所述，商洛的森林覆盖率、断面水质达标率、优良空气天数、国家 4A 级以上生态景区数量这 4 项与休闲养生相关联的生态指标，均位居国内城市前列，其中两项指标达前两位，由此可见，商洛生态环境的休闲养生适宜性总体优于国内其他城市。

空气负氧离子含量也是评价生态环境在休闲养生适宜性方面的重要指标，商洛森林公园平均的空气负氧离子浓度值达 6900 个/cm³ 以上，市区平均的空气负氧离子浓度值在 1900 个/cm³ 以上。

2.5　休闲养生优势明显

休闲养生相关联的生态气候指标，它们的量级和量纲（单位）均有所不同。为了便于城市间生态气候优势的综合对比分析，需将各项指标进行标准化处理，放入统一标尺下进行比较。生态关联指标的标准化采用比值化方法。比值标准化的公式可表达为

$$X_b = (X_i / X_{max}) \times 100$$

式中，X_b 为标准化指标值，X_i 为各城市指标值，X_{max} 为各城市指标值中的最大值。经比值标准化处理，表 2-2 中指标数据变成表 2-3。

表 2-3　商洛与国内其他城市休闲养生生态关联指标标准化汇总对比

	城市	森林覆盖率（%）	断面水质达标率（%）	优良空气天数（d）	4A 级以上景区数（个 /10³km²）
	商洛	88	100	91	12
省会城市	北京	45	85	75	100
	上海	48	62	89	17
	杭州	55	86	94	10
	成都	55	53	95	35
	广州	57	96	97	26
	哈尔滨	100	96	90	22
	济南	64	68	87	2
	南京	50	94	91	10
	沈阳	85	94	93	40
	武汉	41	46	91	8
	郑州	61	68	97	6
	西安	63	63	53	66
旅游城市	大连	24	100	100	2
	天津	22	50	62	64
	贵阳	46	51	87	10
	兰州	22	100	67	9
	银川	30	100	69	22
	昆明	39	75	85	5
	拉萨	41	67	84	49
	厦门	44	38	88	25
	洛阳	62	100	58	40
	十堰	85	94	87	18
	天水	47	75	84	11

气候关联指标的标准化按以下步骤进行：

（1）先将各月气候指数值，按气候适宜度（HCI）值或人体舒适度（BCMI）等级、CI值和HI值进行分级。

（2）以气候适宜度或人体舒适度的最低级别为基准，最低级别赋值为2分，每升高一个级别，赋值加2分，由此对各项气候指数的各月进行赋值。

（3）将12个月的得分值累加，计算每座城市各项气候指数的年得分总值。

（4）按照生态指标的比值化方式，对各城市的每项气候指标年得分总值进行标准化处理。

经过标准化处理后，第1章中表1-6、表1-8、表1-9的数据（部分）可转化成为表2-4。

表2-4　商洛与国内其他城市休闲养生气候关联指标标准化后汇总对比

城市		人体舒适度指数（BCMI）	寒冷指数（CI）	温湿指数（HI）
商洛		71.4	87.3	81.4
省会城市	北京	79.4	83.3	79.1
	上海	81.4	89.2	66.3
	杭州	85.3	90.2	65.1
	成都	91.2	93.1	70.9
	广州	89.2	100.0	43.0
	哈尔滨	92.2	69.6	95.3
	济南	92.2	61.8	100.0
	南京	83.3	88.2	70.9
	沈阳	89.2	76.5	90.7
	武汉	90.2	93.1	65.1
	郑州	93.1	88.2	74.4
	西安	100.0	85.3	79.1
旅游城市	大连	69.6	75.5	86.0
	天津	61.8	84.3	79.1
	贵阳	88.2	84.3	79.1
	兰州	76.5	79.4	94.2
	银川	93.1	79.4	88.4

城市		人体舒适度指数 （BCMI）	寒冷指数 （CI）	温湿指数 （HI）
旅游城市	昆明	88.2	89.2	75.6
	拉萨	85.3	81.4	93.0
	厦门	75.5	94.1	51.2
	洛阳	73.0	85.3	77.9
	十堰	77.8	92.2	73.3
	天水	66.7	86.3	87.2

对表 2-3 和表 2-4 中各城市的生态气候指标进行横向比较，绘入图 2-8。对表 2-3 和表 2-4 进行综合对比分析，相比于国内其他城市，商洛的生态气候在休闲养生方面具有突出优势。在 7 项休闲养生的关联指标中，商洛有 5 项指标分值在 80 分以上，分别是森林覆盖率、断面水质达标率、优良空气天数、寒冷指数和温湿指数，人体舒适度指数达到 70~80 分，仅有单位面积景区数量这项指标低于 60 分。

对 24 个城市的 7 项标准化指标做分层聚类分析（图 2-8），商洛与郑州、贵阳最为接近，在所有城市中，处于优势位置。商洛与郑州、武汉、南京、西安 4 个城市进行比较，商洛在气候关联指标和生态关联指标各项中，总体评分都优于这 4 个城市。与同纬度的洛阳、十堰和天水相比，商洛 7 项分值都高于这 3 个城市。由此可见，商洛生态气候的休闲养生适宜性，与国内诸多城市对比具有明显优势。

	商洛	北京	上海	杭州	成都	广州	哈尔滨	济南	南京	沈阳	武汉	郑州	西安	大连	天津	贵阳	兰州	银川	昆明	拉萨	厦门	洛阳	十堰	天水
人体舒适度	71.4	73	81	81	79.4	100	57.1	50.8	74.6	60.3	84.1	74.6	71.4	65.1	73	71.4	61.9	61.9	74.6	58.7	88.9	73	77.8	66.7
寒冷指数	87.3	88.3	89.2	90.2	93.1	100	69.6	61.8	88.2	76.5	93.1	88.2	85.3	75.5	84.3	84.3	79.4	79.4	89.2	81.4	94.1	85.3	92.2	86.3
温湿指数	81.4	79.1	66.3	65.1	70.9	43	95.3	100	70.9	90.7	65.1	79.1	79.1	86	79.1	94.2	88.4	75.6	93	51.2	77.9	73.3	87.2	
4A级以上景区数	12	100	17	10	35	26	22	2	10	40	8	6	66	2	64	10	9	22	5	49	25	40	18	11
森林覆盖率	88	45	48	55	55	57	100	4	85	41	61	63	24	22	46	22	30	39	41	42	62	85	47	
断面水质达标率	100	85	62	86	53	96	96	68	74	94	46	68	63	100	50	51	100	100	75	67	100	75		
优良空气天数	91	75	89	94	97	90	87	91	91	53	100	70	87	85	84	88	58	87	94					
	省会城市													旅游城市										

注：图中色标代表值为1~100   5 15 25 35 45 55 65 75 85 95 100

图 2-8 国内城市休闲养生气候生态关联指标适宜性分值图

丹凤商於古道

第 3 章

康养福地

● ● ●

茂密森林、新鲜空气、优良水质、绿色无公害食材、种类繁多的中药材和古朴的养生文化，都彰显商洛休闲养生条件的优越。近年来，商洛先后获得"国家森林城市"、首批"国家农产品质量安全市"、"中国最佳康养休闲旅游市"、全省首个"国家生态文明示范工程试点市"等殊荣，2010年被命名为"省级园林城市"。

商洛山地气候凉爽、空气清新，人体阳气内敛、耗散较少；山区环境幽静，令人情绪稳定、气血和畅。森林包含着一系列养生因素，其空气中负氧离子含量高、植物精气多、细菌含量低，且具有吸附空气尘埃、降低噪声等功能，加之绿色心理效应，让森林成为人们休闲养生的首选生态资源。

3.1　生态商洛，天然氧吧

商洛是"天然氧吧"，全市林业用地面积 1 603 468 hm²，占全市国土面积的81.82%，其中有林地面积 1 215 274.1 hm²，活立木总蓄积量约4318.7万 m³，森林覆盖率达69.6%，比全省平均值（约45%）高出24.6个百分点。全市有国家级森林公园4个，省级森林公园5个，

国家级湿地公园 3 个，省级自然保护区 3 个，其中，商南县、柞水县分别在 2016 年、2018 年获全国"天然氧吧"称号。

负氧离子又被称为"空气维生素"和"大气中的长寿素"，不仅具有降尘、灭菌作用，对人体更有强身健体和治疗疾病等多种功效。人们在森林中之所以会感觉到空气特别清新，主要就是负氧离子所发挥的降尘功能。据有关试验和研究表明，城市空气中的负氧离子浓度一般是 0～200 个 /cm³，空旷地为 200～600 个 /cm³，森林一般为 600～3000 个 /cm³。按照世界卫生组织规定，每立方厘米空气中负氧离子达到 1000 个，即为"清新"标准；达到 1500 个，即为"非常清新"标准；达到 3000 个，为"特别清新"标准级别。商洛全市 69.6% 的高覆盖率浓密森林巨大的造氧功能，使得商洛空气负氧离子含量特别高。

据 2015—2018 年的观测统计：商南金丝大峡谷国家森林公园 13 个测点负氧离子浓度在 1500～10 000 个 /cm³，景区平均值为 3226 个 /cm³，其中青龙峡景点瞬间最大浓度达到 10 000 个 /cm³，是负氧离子最高等级标准值的 3 倍多，其负氧离子等级为 6 级，具有很好的治疗和康复功效。

上苍坊森林公园景区 6 个测点负氧离子浓度在 1500～9500 个 /cm³，景区平均值为 3000 个 /cm³，其中龙潭景点瞬间最大浓度达到 9500 个 /cm³，景区负氧离子等级为 6 级。

文碧峰景区 2 个测点负氧离子浓度在 1700～9000 个 /cm³，景区平均值为 2900 个 /cm³，其中仙人峰景点瞬间最大浓度达到 9000 个 /cm³，景区负氧离子等级为 6 级。

闯王寨森林公园景区 2 个测点负氧离子浓度在 1350～8500 个 /cm³，景区平均值为 2800 个 /cm³，景区瞬间最大浓度达到 8500 个 /cm³，空气负氧离子等级为 6 级。

商南县文化广场处负氧离子浓度为 1900 个 /cm³，空气负氧离子等级为 5 级，空气质量为 2 级，空气非常清新。

柞水县牛背梁国家森林公园景区安装固定负氧离子监测仪器，常年平均值为 6909 个 /cm³，瞬间最大浓度达 11 902 个 /cm³，空气负

氧离子等级为 6 级。

柞水县城区负氧离子浓度为 1907 个 /cm³，空气负氧离子等级为5 级，空气质量为 2 级，空气非常清新。

商洛市金凤山公园负氧离子浓度为 3614 个 /cm³，空气负氧离子等级为 5 级，空气质量为 2 级，空气特别清新。

商洛主要景区负氧离子监测数据汇总见表 3-1。

此外，景区园内各类林木还能释放大量的植物精气。植物精气是指植物的花、叶、根、芽等油性细胞在自然状态下释放出的气态有机物，主要成分是萜烯类化合物 (不饱和的碳氢化合物)，散发在空气中，通过呼吸道和人体皮肤表皮进入体内，萜烯类化学成分透过皮肤的速率是水的 100 倍、盐的 1000 倍，被人体吸收后，有适度的刺激作用，可促进免疫蛋白增加，有效调节植物神经平衡，从而增强人体的抵抗力，达到抗菌、抗肿瘤、降血压、驱虫、抗炎、利尿、祛痰与健身强体的生理功效。

表 3-1　商洛主要景区负氧离子监测数据汇总表

编号	地点	平均浓度（个 /cm³）	负离子等级	与人健康关系	空气质量等级	空气清新程度
1	商南金丝峡景区	3300	6 级	极有利	一级	特别清新
2	商南上苍坊景区	3000	6 级	极有利	一级	特别清新
3	商南闯王寨景区	2800	6 级	极有利	一级	特别清新
4	商南文碧峰景区	2900	6 级	极有利	一级	特别清新
5	柞水县牛背梁国家森林公园景区	6906	6 级	极有利	一级	特别清新
6	镇安木王国家森林公园	5159	6 级	极有利	一级	特别清新
7	镇安塔云山景区	5374	6 级	极有利	一级	特别清新
8	丹凤竹林关桃花谷景区	4034	6 级	极有利	一级	特别清新
9	山阳县天竺山景区	5065	6 级	极有利	一级	特别清新
10	山阳县漫川古镇	4172	6 级	极有利	一级	特别清新
11	丹凤棣花古镇	4218	6 级	极有利	一级	特别清新
12	商南县文化广场	1900	5 级	极有利	二级	非常清新
13	柞水县城区	1907	5 级	极有利	二级	非常清新
14	商洛市金凤山公园	3614	6 级	极有利	一级	特别清新

呼吸着商洛洁净的空气，沐浴在高浓度负氧离子和植物天然精气中，不但能保健康复，还能放松身心、延年益寿。

3.2　绿色食品，美食养生

商洛植被覆盖指数和生态环境指数位居我国西北地区市级城市前列，良好的生态环境、优越的秦岭山地立体气候为绿色健康食品提供了"天时地利"，为美食养生提供了优质食材。商洛素有"南北植物荟萃""南北生物物种库""中国板栗之乡""中国核桃之都"之美誉。2016 年商洛市被农业部命名为"第一批国家农产品质量安全市"之一。洛南核桃、镇安大板栗、商洛香菇、商南茶叶、山阳九眼莲、商州柿饼、柞水黑木耳、洛南豆腐、镇安云盖寺挂面、柞水腊肉、镇安岭沟米等一系列地域特色明显的绿色无公害农产品，均源自青山绿水的问候和大森林的馈赠。

商洛核桃（图 3-1）：商洛核桃产于秦岭山区，是我国核桃产量最大的地方，品种也最多，得天独厚的自然条件加上山区农民的勤劳纯朴，使商洛成为久负盛名的"核桃之乡"。商洛核桃果实营养丰富，含有较多的脂肪和蛋白质，对大脑有特效滋补的作用。核桃仁含脂肪63%，最高达 80%，为大豆的 3.4 倍、油菜籽的 1.6～3.4 倍，油质纯净浓香，不含胆固醇，在国际市场被誉为"健美食品"。商洛年产核

图 3-1　商洛野生核桃宣传图

桃 8 万吨，产量位居全国第一，享有"中国核桃之都"和"陕西省核桃产业强市"称号。

镇安大板栗（图 3-2）：镇安大板栗是商洛乡土品种，是中国北方品种群优良品种之一，镇安被誉为"中国板栗之乡"。镇安大板栗素以颗粒肥大、栗仁丰满、色泽鲜艳、肉质细腻、糯性较强、甘甜芳香、营养丰富而著称于世，生食脆甜，熟食糯香。镇安大板栗除含有 57.49% 的淀粉、18.85% 的可溶性糖、8.59% 的蛋白质、2.69% 的脂肪外，还含有维生素 A、维生素 C、维生素 B_1、维生素 B_2、维生素 B_6 及钙、钾、磷、铁、镁、锌、锰、粗纤维、叶酸、胡萝卜素、核黄素等微量元素。

商洛香菇（图 3-3）：商洛香菇产于大秦岭腹地，独特的自然资源和气候条件使商洛成为香菇的最佳适生区之一，商洛香菇栽培历史悠久，蛋白质含量高达 23.5%，并含有大量的碳水化合物和微量元素，其中的香菇多糖可增强人体免疫力，具有防癌抗癌作用。商洛香菇菇

图 3-2　商洛镇安大板栗

图 3-3　商洛香菇

型圆整，肉质厚实，菌盖褐色，或有裂纹，菌褶密集，菌柄短小，嫩滑筋道，鲜香浓郁，极具地方特色，2017 年荣获国家农产品地理标志登记保护。

商南茶叶（图 3-4）：商洛市商南县位于秦岭山脉的莽岭、新开岭和郧西大梁山交汇处，地处我国西部茶区最北端，是我国北部新型的优质茶叶产区。产区气候四季分明，光照充足，昼夜温差大，丛林密布，远离工业区，无酸雨、农药、大气污染，土壤富含硒、锌等微量元素，茶叶生长周期长，富含各种活性分子，独特的土壤气候条件造就了商南茶"香高、味浓、回甜、耐泡"的显著特点。商南茶叶手工揉制，外形紧嫩，条索均匀，汤色黄绿明亮，回味甘甜，香气袭人，目前有泉茗、仙茗、白茶、炒青、乌龙茶、茯茶、红茶七大系列三十多个花色品种，商南先后被命名为"中国茶叶之乡""全国名茶百强县"。

山阳九眼莲（图 3-5）：山阳九眼莲已有 500 年的栽植历史，受独特的自然环境影响，所产藕横切面以髓为中心，均匀分布 9 个气

图 3-4　商南茶叶

图 3-5　山阳九眼莲

腔，故称九眼莲。相传曾为贡品上贡朝廷，常以"色白质脆味香甜，好菜要数九眼莲"来称颂山阳九眼莲。其色白、肉厚、香美、脆甜，食后无渣，是莲藕中的绝美佳品，还可制成蜜饯、葡萄糖、酒精，加工成藕粉。1988 年"九眼莲"编入陕西省地方名特优产品名录。

柞水黑木耳（图 3-6）：商洛柞水县因柞树多而得名，柞树是生产食用菌黑木耳、香菇的优等菌材。柞水黑木耳耳面呈黑褐色，有光亮感，背面呈暗灰色，吸水率可达 15 倍，味道鲜美，个大肉厚，营养丰富。柞水黑木耳含有大量的碳水化合物、蛋白质、脂肪纤维素、铁、钙、磷、胡萝卜素及维生素 B_1、维生素 B_2 和维生素 C 等有效的营养物质，具有很高的药用价值，被外界公认为保健食品，有山珍之称。

商芝：商芝又名柴萁，属蕨类，嫩叶可食。西汉初，"商山四皓"（东园公唐秉、夏黄公崔广、绮里季吴实、角里先生周术四位老人）志行高洁，隐居于商洛，采蕨而食，当地因而称蕨菜为商芝。商洛人将其春季时抽出的约七八寸长的嫩茎采下，直接晾干或用开水烫一下晾干，长年储存，随时食用，就是做商芝肉的用料。五花肉红烧好后切片装盘，商芝开水泡开，漂洗干净，取其顶端尖上 7~10 cm 的一段，切成寸丝，铺放在肉上，上笼蒸半小时左右，香味扑鼻的"商芝肉"就做好了。其肉入口柔而不烂，肥而不腻，商芝韧中带脆，柔绵适口，味道醇香，余味悠长，风味独特，色、香、味、形俱佳，有提神、去烦、助消化、补五脏、健身延寿之效。

幸福的商洛人仰仗着天然的生态优势，吃着土生土长的"绿色"食品，享受着大自然的馈赠，繁衍生息、延年益寿。

图 3-6　柞水黑木耳

3.3　秦岭腹地，商山灵药

　　商洛地处秦岭腹地，属北亚热带向南暖温带的过渡地带，植物种类繁多，中药材资源极为丰富，自古就有"秦地无闲草，商山多灵药"之说，素有"秦岭天然药库"之美誉，是我国中药材最佳适生区之一。据 2014 年普查资料统计，境内植物资源多达 5000 余种，各种野生中药材分布广泛，《全国中草药资源汇编》收录的 2002 种中草药中，商洛分布有 1192 种，其中 265 种被列入新版《药典》。十大"商药"丹参（图 3-7）、桔梗、连翘、五味子、金银花（图 3-8）、山茱萸（图 3-9）、黄芩、柴胡、天麻（图 3-10）、猪苓等大宗道地中药材，因量大质优销售量位居全省前列，畅销全国且有部分出口。

图 3-7　丹参

图 3-8　金银花

图 3-9　山茱萸

图 3-10　天麻

目前，商洛已建立多家中医药研究中心和产品研发中心，天士力、香菊、盘龙、必康等制药企业自主研发的以道地中药材为主要原料的新药品已达 40 多种，全市通过国家 GMP 认证的制药企业生产线已有 40 多条，注册商标 58 个，盘龙牌"盘龙七片"、"东秦牌"香菊片被评为陕西省名牌产品，丹参滴丸、香菊片、盘龙七系列产品全国驰名。天士力的丹参在全国首家获得 GAP 认证和国家地理标志保护认证，天士力商洛丹参种植基地获得中国中药协会颁发的"2015年优质道地药材种植示范基地"认定证书，这也是全国唯一获此荣誉的丹参种植基地，天士力的丹参、决明子太空育种技术全国领先，培育出的"天丹 1 号"和"天丹 2 号"两个丹参新品种已通过了陕西省新品种审定。商洛金银花被商洛学院 GAP 认证中心、商洛中药办、商洛市气象局联合认证为"特优"产品，为加多宝凉茶生产商的指定供货品。

丰厚的中药资源滋养着这里勤劳善良的人们。商洛人在长期生产生活实践中，开发了独具特色的养生药膳、养生茶和中药养生粥等。如活血化瘀的丹参茶，养胃健脾助消化的山楂粥，治疗头痛眩晕、肢体麻木的天麻排骨汤，镇咳化痰的桔梗泡菜，补肝肾和强筋骨的杜仲酒。这里的人们还习惯用房前屋后的中药材制成各种保健品，如金银花枕等。薄荷凉敷、红花泡脚、天麻熬粥、艾草薰蒸，生活中人们更是把中药的药用价值发挥得淋漓尽致，是真正的药食同源之地。

■ 3.4　活水源头，洛水养生

水是生命之源，我们的祖先在用水养生方面积累了丰富的经验。古语"药补不如食补，食补不如水补"，南宋陆游的"仙丹九转太多事，服水自可追神仙"，中华医神孙思邈的"初起首服水法"，都说明了水与养生之间有着千丝万缕的联系。

商洛地下水资源丰富，山涧溪旁的清泉即取即用，甘甜可口，水

质优良，富含锶、偏硅酸、钙、锂、硒、锌、钼等多种矿物元素，具有保持人体细胞渗透压、维持机体酸碱平衡、维护正常生理功能、加速生物化学反应、活化软化器官、促进新陈代谢、缓解人体疲劳等多种功能，它还含有击溃疾病的活性氧（自由基），可有效预防高血压、动脉硬化等，柞水、商南多地引进先进设备，采用物理过滤、无菌灌装处理工艺，对境内红岩寺镇、小岭镇、营盘镇、金丝峡镇、湘河镇等多处高端水资源进行开发利用，生产的桶装饮用山泉水和瓶装饮用山泉水深受消费者欢迎。

依靠"活水源头"的天然优势，青翠绿林的生态水源涵养方式，以及市委、市政府持续的水保措施，商洛境内地表水环境质量优良，为"水养"行业发展奠定了基础，全市7县区10个城市饮用水源保护区水质达标率为100%，境内断面水质均达到《地表水环境质量标准》（GB 3838—2002）的Ⅱ类标准以上；丹江、洛河、乾佑河等9条河流17个监测断面水质达到功能区标准，丹江出境断面水质持续稳定达到国家Ⅱ类标准；陕西省环保厅2017年度环境质量公报显示，商洛位居全省13个市（区）城市水环境质量排名首位（表3-2）。

表 3-2　2017 年商洛市主要河流监测断面水质达标情况

水系	点位	断面所在地	断面水质 本期	断面水质 同期	水质功能标准	水质达标率	评价结果
丹江	峡口	商州区	Ⅱ	Ⅱ	Ⅱ	100%	达标
	麻街	商州区	Ⅱ	Ⅱ	Ⅱ	100%	达标
	构峪口	商州区	Ⅱ	Ⅱ	Ⅱ	100%	达标
	雷家坡	商州区	Ⅱ	Ⅱ	Ⅱ	100%	达标
	丹凤下 5 km	丹凤县	Ⅱ	Ⅱ	Ⅱ	100%	达标
	雷家洞	丹凤县	Ⅱ	Ⅱ	Ⅱ	100%	达标
	湘河出境断面	商南县	Ⅱ	Ⅱ	Ⅱ	100%	达标
南秦河	杨峪河桥	商州区	Ⅱ	Ⅱ	Ⅲ	100%	达标
洛河	灵口	洛南县	Ⅱ	Ⅱ	Ⅱ	100%	达标
	官桥	洛南县	Ⅲ	Ⅲ	Ⅲ	100%	达标
乾佑河	古道岭	柞水县	Ⅱ	Ⅱ	Ⅱ	91.60%	达标
	青铜关	镇安县	Ⅱ	Ⅱ	Ⅱ	100%	达标
	银花河（土门）	丹凤县	Ⅲ	Ⅲ	Ⅲ	91.60%	达标
金钱河	漫川关出境断面	山阳县	Ⅱ	Ⅱ	Ⅱ	100%	达标
	柴庄	柞水县	Ⅱ	Ⅱ	Ⅱ	100%	达标
板桥河	两岔河	商州区	Ⅱ	Ⅱ	Ⅱ	100%	达标
谢家河	谢家河出境断面	山阳县	Ⅱ	Ⅱ	Ⅱ	100%	达标

　　商洛现有水库 52 座，其中中型 2 座，小型 50 座。全市水库总库容 14 315.01 万 m^3。境内冷水溪流众多，蕴藏了大量珍贵的水生动物资源，如大鲵、细鳞鲑、匙吻鲟、黄鳝、泥鳅、黄颡鱼、罗非鱼等。优质的水资源使商洛水产营养丰富，口味独特，含有大量的维生素、矿物质和优质蛋白质、卵磷脂，并含有高度的不饱和脂肪酸，具有重要的养生价值。

　　商洛的饮用水质远优于国家标准，据权威机构检测，商洛地表水环境功能区水质各项指标均符合世界卫生组织规定的长寿地区优质饮用水标准。商洛的饮用水呈天然弱碱性，富含钾、钙、硒、偏硅酸等人体所需的矿物质和微量元素，天然纯净，没有水碱，长期饮用有安神健体、美容养颜的功效。

第 4 章

文化长河，休闲胜地

•••

商洛山连秦巴，水派长黄，旖旎的自然风光和丰厚的人文景观成为历代名人荟萃之地，仅唐代就有 50 多位著名诗人徜徉商洛，留下大批诗文。全区有古遗址古建筑等文物保护点 1200 多处，其中省以上文物保护单位 47 处，洛南旧石器地点群被评为 1997 年全国十大考古发现之一；东龙山夏商周遗址被国家"夏商周断代工程"列为"文化分期与年代测定"专题；洛河元扈山"仓颉授书处"摩崖石刻表明这里是文字的发祥之地；武关遗址、商鞅封邑遗址和"闯王寨"、"生龙寨"遗址仍在诉说着历史的沧桑；汉代的四皓墓、隋代的文庙、唐代的丰阳塔、宋代的商州城垣、金代的二郎庙、明代的商州城隍庙和龙山双塔、清代的会馆群成为人们参观与凭吊之地；李白、白居易、贾岛、王禹偁等曾寓居或邀游于商山洛水之间，留下千古佳作。

商洛还是全国著名的革命老区（图 4-1），是中国共产党领导的鄂豫陕革命根据地和豫鄂陕革命根据地的中心区域。在 1927 年大革命时期即建立商县、龙驹寨两个中共特别支部。先后有五支红军转战商洛各县，建立苏维埃政府，领导群众打土豪，分田地，创建了以

图 4-1 商洛革命烈士陵园

商洛为中心的鄂豫陕革命根据地，播下革命火种。抗日战争爆发后，1937 年中共陕西省委派地方科长王柏栋回商洛开展抗日救亡运动。解放战争时期，1946 年创建了以商洛为中心的豫鄂陕革命根据地，建立了 7 个县级人民政权，在中国革命斗争史上留下光辉的一页，得到了党和国家领导人的高度赞誉。1985 年国家主席李先念题词："豫鄂陕革命根据地的烈士永垂不朽！"1995 年中共中央总书记、国家主席、中央军委主席江泽民题词："发扬老区精神，振兴商洛经济。"

大革命时期的苏维埃政府旧址，刘志丹、唐澍将军习武纪念地，贺龙斗夏曦的寓所，红二十五军战斗遗址，鄂豫陕省委常委会遗址，李先念主持召开豫鄂陕边区党委成立大会丹凤封地沟旧址等，是人们观光游览、进行革命传统教育的良好场所。

■ 4.1　资源丰富，景观多样

商洛气候资源丰富、生态多样，秀美山水在气候四季更替的轮回变化中，更具审美色彩。春天，明媚的阳光、细柔的春雨，使万物苏醒、百花盛开，漫山遍野一派生机勃勃；夏日，蔚蓝的天空艳阳高照，特殊的山地地形和水系为美丽的山水城镇送来阵阵凉风；秋季，红红的柿子挂满枝头，七彩斑斓的树叶随风摇曳，丰收的季节硕果累累；冬季晶莹的雪花和剔透的雾淞，将秀美的山川装扮得纯洁无暇。

根据国家旅游总局颁布的《旅游资源分类、调查与评价》分类体系，商洛的旅游资源共有 7 类 556 个优质景点（表 4-1 和图 4-2），其中金丝峡大峡谷、柞水溶洞、月亮洞、洛南猿人洞穴遗址等地文景观类有 20 处；丹江漂流、金丝峡漂流等水域风光类 7 处；老君山森林公园、木王森林公园、商山森林公园等生物景观类 7 处；仓颉遗址、商鞅封邑遗址等遗址遗迹类 258 处；龙山双塔、丰阳塔、漫川古镇、凤镇等建筑与设施类 243 处。商洛是革命老区，程子华、徐海东、吴焕先等革命前辈在这里战斗过，红色旅游景点遍布全市各县区。

表 4-1　商洛市旅游资源分类

序号	分类名称	数量（个）	典型代表
1	地文景观类	20	金丝峡大峡谷、柞水溶洞、月亮洞、洛南猿人洞穴遗址等
2	水域风光类	7	丹江漂流、金丝峡漂流等
3	生物景观类	7	老君山森林公园、木王森林公园、商山森林公园等
4	遗址遗迹类	258	仓颉遗址、商鞅封邑遗址等
5	建筑与设施类	243	龙山双塔、丰阳塔、漫川古镇、凤镇等
6	旅游商品类	15	核桃、板栗、木耳、葡萄酒等
7	人文活动类	6	贾平凹、贾志璞、王家成等

图 4-2　商洛市旅游资源分布图

　　商山洛水，孕育了商洛八山一水一分田的独特景观。现有国家
3A级以上景点34处，秦岭美丽乡村15处，特色小镇7个（表4-2）。
享有天下奇峡的"金丝峡"（5A级，图4-3）、北国奇观"柞水溶洞"
（4A级）等4A级以上景点10处，还有独具特色的天竺山（图4-4）、
仙娥湖（图4-5）、木王国家森林公园（图4-6）等景点。

表 4-2　商洛市 A 级旅游景点和秦岭美丽乡村名录

序号	景区名称	等级	景区地址
1	金丝峡景区	5A	商南县金丝峡镇庙台子村
2	牛背梁景区	4A	柞水县营盘镇
3	天竺山景区	4A	山阳县法官镇僧道关
4	柞水溶洞景区	4A	柞水县石瓮镇
5	塔云山景区	4A	镇安县柴坪镇
6	丹江漂流景区	4A	丹凤县江滨北路
7	金台山文化旅游区	4A	镇安县县城东
8	商於古道棣花文化旅游景区	4A	丹凤县棣花镇
9	漫川古镇景区	4A	山阳县漫川镇
10	木王山国家森林公园	4A	镇安县杨泗镇桂林村
11	牧护关滑雪场景区	3A	商州区牧护关镇秦关村
12	洛南老君山旅游景区	3A	洛南县巡检镇
13	禹平川秦岭原乡旅游景区	3A	洛南县巡检镇
14	凤冠山自然风景区	3A	丹凤县城北
15	桃花谷旅游景区	3A	丹凤县竹林关镇
16	闯王寨景区	3A	商南县富水镇
17	后湾村	3A 秦岭美丽乡村	商南县清油河镇后湾村
18	鹿城公园	3A	商南县城关镇
19	法官秦岭原乡农旅小镇	3A 特色小镇	山阳县法官镇
20	月亮洞景区	3A	山阳县杨地镇
21	天蓬山寨景区	3A	山阳县杨地镇
22	云盖寺古镇	3A	镇安县云盖寺镇云镇村
23	童话磨石沟旅游度假村	3A 秦岭美丽乡村	镇安县青铜关镇丰收村
24	金丝峡丹江漂流景区	3A	商南县金丝峡镇小河口村
25	九天山风景区	3A	柞水县下梁镇明星村
26	秦楚古道旅游区	3A	柞水县营盘镇秦丰村
27	柞水凤凰古镇景区	3A	柞水县凤凰镇
28	丹凤金山旅游度假区	3A	丹凤县城东
29	孝义小镇	3A 特色小镇	商州区夜村镇
30	合曼般若小镇	3A 特色小镇	镇安县青铜关镇
31	蟒岭绿道景区、北宽坪村	3A 秦岭美丽乡村	商州区北宽坪镇

序号	景区名称	等级	景区地址
32	太子坪社区	3A 秦岭美丽乡村	商南县金丝峡镇
33	音乐小镇	3A 特色小镇	洛南县馒头山附近
34	玫瑰小镇	3A 特色小镇	洛南县古城镇
35	抚龙湖景区	1A	洛南县谢湾镇
36	朱家湾村	秦岭美丽乡村	柞水县营盘镇
37	石瓮社区	秦岭美丽乡村	柞水县石瓮镇
38	营镇社区	秦岭美丽乡村	柞水县营盘镇
39	前店子村	秦岭美丽乡村	山阳县漫川关镇
40	古镇社区	秦岭美丽乡村	山阳县漫川关镇
41	竹林关村	秦岭美丽乡村	丹凤县竹林关镇
42	棣花村	秦岭美丽乡村	丹凤县棣花镇
43	云镇村	秦岭美丽乡村	镇安县云盖寺镇
44	丰收村	秦岭美丽乡村	镇安县青铜关镇
45	江山村	秦岭美丽乡村	商州区腰市镇
56	巡检街社区	秦岭美丽乡村	洛南县巡检镇
47	南沟社区	秦岭美丽乡村	洛南县四皓街道办
48	云盖寺古镇	特色小镇	镇安县云盖寺镇

图 4-3　金丝峡景区

图 4-4　天竺山

图 4-5　仙娥湖　　　　　　　　　图 4-6　木王国家森林公园

4.2　文化厚重，名胜众多

商洛地理位置独特，地形复杂多变，又曾是秦、晋、楚三国交汇的地带，是京畿长安通往东南的重要门户，是秦楚交兵、宋金鏖战的古战场，为兵家必争之地，历史文化遗存丰富。全市共有不可移动文物点 3281 处，其中古遗址 807 处、古墓葬 926 处、崖墓 710 处、古建筑 703 处、石窟寺 7 处、石刻 13 处、近现代史事迹 107 处，其他文物点 8 处。

全市已公布为各级重点文物保护单位的有 264 处，其中国家级重点文物保护单位 6 处、省级文物保护单位 41 处（部分见表 4-3）、县级文物保护单位 217 处。包括洛南旧石器地点群、东龙山夏商周遗址、洛河元扈山"仓颉授书处"摩岩石刻；武关遗址、商鞅封邑遗址、"闯王寨"、"生龙寨"遗址；汉代的四皓墓、隋代的文庙、唐代的丰阳塔、宋代的商州城垣、金代的二郎庙、明代的商州城隍庙和龙山双塔、清代的会馆群等。

表 4-3　商洛市省级以上文物保护单位一览表（部分）

名称	级别	地点	面积	时代
花石浪洞穴遗址	国家级	洛南县城关镇东河村	近 20 万 m²	旧石器时代
商州东龙山遗址	国家级	商州城东 8 km 的丹江北岸	已揭露面积 1500 m²	夏商周
紫荆遗址	国家级	商州城东南约 7 km 的紫荆北村		新石器时代至西周
骡帮会馆	国家级	山阳县漫川关上街	占地面积 2000 m²	清代
洛南盆地旧石器遗址	国家级	洛南县盆地		旧石器时代
商洛崖墓群	国家级	商州区杨峪河镇王塬村		汉代
后村遗址	省级	山阳县南宽坪镇		新石器时代
商邑遗址	省级	丹凤县龙驹寨古城村		战国至秦汉

续表

名称	级别	地点	面积	时代
武关遗址	省级	丹凤县东 40 km		战国
乔村遗址	省级	山阳漫川关桥村		新石器时代
小圆坪遗址	省级	商州区杨塬村		新石器时代
过风楼遗址	省级	商南县过风楼镇过风楼村		新石器时代
西寺墓群	省级	洛南县		春秋战国
洛南文庙	省级	洛南县城西街	占地面积 3115 m²	明代
二郎庙	省级	丹凤棣花镇		金代
船帮会馆	省级	丹凤县城西南隅		清代
大云寺	省级	商州城内		唐代
商州城隍庙	省级	商洛市商州区南街中段 20 号	现存面积 5800 m²，其中建筑面积 848 m²	明清
山阳禹王宫	省级	山阳县城关镇卜吉河		清乾隆五十八年
塔云山寺	省级	镇安县城西南 45 km 柴坪镇内塔云山上		清代
红三军军部旧址	省级	丹凤竹林关镇		
凤凰街民居	省级	柞水县凤凰镇街		清民国
四皓墓	省级	丹凤县商镇西端		西汉
红岩寺戏楼	省级	柞水县红岩寺		清代（公元 1816 年）

　　洛南盆地旧石器遗址，位于东秦岭陕西洛南盆地，2011 年 4 月到 2013 年 1 月，共清理发掘遗址面积 1300 余平方米，新出土各类石制品 2 万余件。发掘出了旧石器时代早期阿舍利工业器物，专家鉴定洛南盆地旧石器遗址的考古意义不亚于兵马俑。

　　非物质文化遗产众多。据国家级、省级、市级非物质文化遗产保护名录，全市有国家级 4 项：商洛花鼓、洛南静板书、商洛道情戏、仓颉传说。省级 36 项：商洛民歌、商洛花鼓、镇安花鼓、洛南静板书、柞水渔鼓、镇安渔鼓、仓颉造字传说、商洛道情戏、丹凤高台芯子、谷雨公祭仓颉仪式等。市级 42 项：包括民

间美术 4 项（商州狗娃咪、丹凤刺绣、洛南麦秆画、商南香包），民间文学 1 项（仓颉造字），民间音乐 5 项（商洛民歌、商南民歌、山阳情歌、镇安民歌、洛南唢呐），传统戏剧 6 项（商洛花鼓、镇安花鼓、商洛道情、山阳汉调二黄、丹凤花鼓、镇安汉调二黄），曲艺 6 项（柞水渔鼓、镇安渔鼓、洛南静板书、商州皮影、漫川大调、洛南木偶），民间手工技艺 11 项（商南草鞋、镇安土纸、柞水火纸、山阳面花、杏坪皮纸、圈椅工艺、丹凤吊挂面、丹凤传统葡萄酒、洛南粮字、郭氏沥书、郭氏沙书），民俗及传统体育竞技 9 项（商南花灯、山阳孝歌、丹凤孝歌、柞水孝歌、中村舞狮、丹凤高台芯子、丹凤踩高跷、漫川传统菜、谷雨公祭仓颉仪式）。

众多的名胜古迹和丰富的非物质文化遗产说明商洛的历史文化厚重（图 4-7 至图 4-9），旅游资源丰富，休闲养生条件优越。

图 4-7　棣花古镇

图 4-8　云盖寺

图 4-9　凤凰古镇

4.3　便捷通道，宁静山水

国际休闲产业协会常务理事、英国著名休闲度假学者泰瑞提出"离开城市，又不能离开太远"的现代休闲理念。一个理想的休闲之地需要具备"宁静"而又"方便"的特质，即"既要远离大城市，又要交通方便"。商洛七县区都是宁静而美丽的山水城市，商洛市正在把市区打造成"城在林中、水在城中、人在画中、青山绿水、蓝天白云"的山水园林城市，它距西安仅 126 km，穿越秦岭隧道群，见一片蓝天就到，正是西安市民休闲养生的最佳体验地。

商洛综合交通大路网初步形成。宁西铁路横穿东西、西康铁路纵贯南北，宁西、西康铁路复线建成通车。沪陕、福银、包茂和榆商 4 条高速公路覆盖全市 7 个县（区），全市 7 县（区）实现高速公路通达。"通县公路高速化、干线公路标准化、通镇公路油路化、客运站点网络化"的交通网络基本形成，见图 4-10。"十二五"末全市公路通车里程达 17 005.906 km，公路密度为 88.11 km/100 km^2，其中高速路 409.051 km，国道 169.2 km，省道 609.444 km，县道 1663.373 km，乡道 3221.184 km，村道 10 811.804 km，专用公路 121.85 km，公路通达率大幅提升。

"十三五"期间市委、市政府围绕"西商一体化"目标，建设"秦岭休闲之都，丝路产业新城"，打造"绿色现代、开放和谐、文明

宜居、幸福商洛"，通过路网调整与建设，在商洛市逐步建成"三环
套五环"的旅游环线（图4-11），使商洛市22个重点景区、3个待开
发景区和12个美丽乡村形成迂回、便捷、安全、绿色通道。

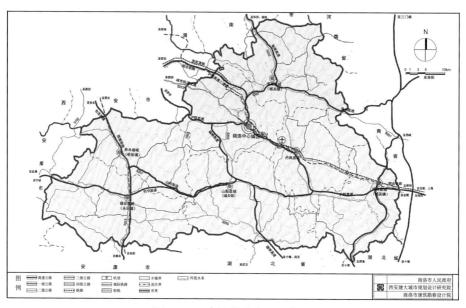

图4-10　商洛综合交通网络图

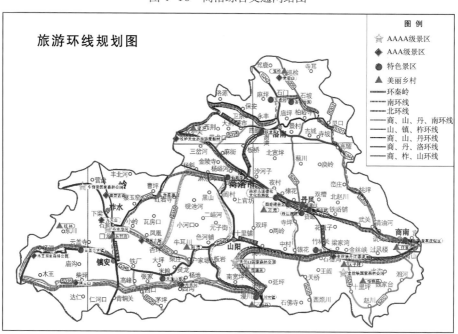

图4-11　商洛市旅游环线线路图

■ 4.4　美丽乡村，特色小镇

"秦岭美丽乡村"创建活动是市委、市政府立足商洛各县优越的生态、交通、区位优势和"秦岭最美是商洛"的品牌优势，按照"循环发展引领、核心板块支撑、产业长廊带动、快速干道连接、优美小镇点缀、田园农业衬托、特色文化彰显"的思路，精心打造一批生态环境优良、特色产业突出、旅游配套健全、旅游服务规范、示范带动能力强的乡村旅游示范村。促进全市乡村旅游产业规模化、标准化，使乡村旅游成为推动全市旅游产业持续发展新的增长点和提档升级的突破口，着力打造大秦岭乡村休闲旅游度假目的地和最佳生态宜居城市。

2013 年启动"秦岭美丽乡村"创建活动以来，精心打造了一批生态环境优良、特色产业突出、旅游配套健全、旅游服务规范、公众认可、示范带动能力强的乡村旅游示范村（如图 4-12 和图 4-13），

图 4-12　商南县后湾村

图 4-13　山阳县法官村

图 4-14 洛南玫瑰小镇

图 4-15 镇安磨石沟

图 4-16 商州蟒岭绿道

目前达标的秦岭美丽乡村 15 个，商州区江山村获评"中国美丽休闲乡村"，商南县任家沟被评为首批陕西省级乡村旅游示范村，全市获陕西省金牌农家乐 30 个，精品农家乐 67 个，大大提升了"秦岭最美是商洛"的品牌内涵。

市委、市政府从推动全市经济转型升级和统筹城乡发展大局出发作出创建一批秦岭特色小镇的重大决策。出台了《关于加快推进秦岭特色小镇创建工作的指导意见》，计划利用 4 年时间，创建大约 20 个宜居、宜业、宜游、宜创新的秦岭特色小镇，目前已创建完成 7 个。镇安合曼般若小镇、洛南中国音乐小镇、丹凤棣花文创小镇、商南金丝峡旅游小镇、商州北宽坪运动休闲小镇、山阳法官秦岭原乡农旅小镇、柞水洞天福地·缘梦小镇等。这些具有陕南特色的"节点式、网格化"的小城镇集群，加快了"城镇景区化、产业绿色化、田园景观化"的实现。特色小镇建设走在全省前列，商州区秦岭·温泉养生小镇、洛南县仓颉小镇、丹凤县秦岭飞行小镇、商南县富水茶坊小镇、山阳县天竺养生度假小镇、镇安县童话磨石小镇、柞水县秦岭·时光康养小镇等 14 个秦岭特色小镇已入选全国特色小镇，如图 4-14 至图 4-16 所示。

■ 4.5　文体产业，蓬勃发展

在优美洁净的环境中健身跑、骑行、登山、滑雪、垂钓……都是很好的"体养"项目。商洛户外自行车骑行以沿江骑行、山地骑行以及景区观光骑行为主。这些自行车骑行皆依赖于优美的天然环境，连接商州、洛南两县的蟒岭绿道专业自行车道绵延山间，蜿蜒 31 km。这里青山绵延，溪水穿流，清新的空气沁入肺腑，令人心旷神怡，为骑友提供了天然赛道。

商洛人民倡导体育、热爱运动，大众体育文化蓬勃发展。市委、市政府积极推进"体育惠民"工程建设，全市建成村级农民体育健身工程 805 个、镇级 120 个，全民健身示范带工程 4 个，151 个社区和179 个移民搬迁点配置了体育健身器材，在全省率先实现镇级和社区体育器材配送全覆盖。全市拥有市级单项体育协会 14 个、县区级 40余个，健身活动站点 123 个，二三级社会体育指导员 1150 余人，15个单位先后被评为国家和省级群众体育先进集体，商洛市柞水县营盘运动休闲特色小镇入选全国首批"运动休闲特色小镇"试点。

依托优良的气候生态条件和美丽的城市风光，近年来商洛市把培育品牌赛事作为推动体育及文化产业发展的载体，实行"一县一品"赛事培育政策，每一品牌赛事都经过精心策划、推广和运作。众多高水平体育赛事如花绽放，全市成功举办了 2010 年全国竞走大奖赛、2011 年国际青年女篮四国挑战赛、2012 年国际青年男篮四国挑战赛、2012 年环中国国际公路自行车赛等一系列国际国内大型体育赛事，初步形成了具有商洛特色的山地体育品牌，展示了商洛良好的对外形象。

"环秦岭公路自行车赛"（图 4-17）是商洛市委、市政府依托"大秦岭"宣传推介商洛、推进生态立市战略、着力打造生态宜居城市和"秦岭最美是商洛"城市品牌的重要举措之一。该赛事自 2014 年以来已经成功举办五届，并快速发展升级为国内知名品牌赛事。赛事以

图 4-17　环秦岭公路自行车赛

"绿色出行、低碳环保、骑行健身"为主题，全面展示商洛独特的自然风光、历史人文、经济社会发展成就和推进体育旅游融合发展的前景，积极倡导低碳、环保、健康、文明的生态理念和生活方式。通过以自行车运动为载体的全民参与的体育、文化、旅游活动，努力培育彰显秦岭养生、休闲特色的体育赛事品牌，激发全民参与健身锻炼的热情。而今，每年一届的"环秦岭赛"，已成为商洛人民体育文化生活中的一件盛事，让商洛这座城市焕发出无限的生机与活力。

商洛山清水秀，空气清新，在青山绿水中慢跑，领略大自然赋予的美好，从运动中得到放松和宁静。近年来，山阳、洛南和镇安县分别成功举办半程马拉松及马拉松比赛（图 4-18），努力打造"体育＋旅游"精品赛事。跑马者在运动的同时，充分领略"秦岭最美是商洛"的美丽风貌和魅力，也为促进全民体育蓬勃发展、推动全民健身运动发展、引导广大群众增强体育健身意识起到了极大的推动作用。

图 4-18　镇安、洛南马拉松比赛

4.6　民俗文化，怡情养性

商洛地理位置独特，历史文化亦极为悠久，著名的商於古道即由此经过，这里的人民脚踏厚地，背靠山林，日出而作，日落而息，自足自乐，代代传承，形成了与关中文化、荆楚文化既有关联又颇为独特的秦风楚韵，是中国广博悠久的民俗文化的最好保存地之一。

商洛最初为古之商国，春秋时属晋，战国属秦，被毛泽东称为"中国首屈一指的改革家"商鞅的封邑就在这里；秦末汉初，东园公等四老隐居于此，号称"商山四皓"；著名的蓝（田）、武（关）驿道即由此经过，一时间商旅逐臣往来不绝，留下了大量的诗文佳作，唐代韩愈的著名诗句"云横秦岭家何在？雪拥蓝关马不前"就出自这里。

商洛特色鲜明的民俗文化、民间艺术、戏剧、文学在全省乃至全国都占有重要的地位。商州狗娃咪、丹凤刺绣、洛南麦秆画、丹凤花鼓、漫川大调、商南民歌、洛南唢呐、商州皮影、山阳面花等三十多种非物质文化遗产（图4-19），充分展现了商洛丰富的文化艺术底蕴。商洛文化独具特色，承秦之刚阳，蓄楚之柔美，有"花鼓之乡"的美称，花鼓、道情、二黄、商山民歌、纤夫号子等地方戏曲凸显鲜

图4-19　商洛非物质文化遗产丹凤花鼓、山阳面花

明的地域文化特征，《夫妻观灯》《一文钱》《屠夫状元》《六斤县长》《凤凰飞入光棍堂》《山魂》等剧目获得省以上创作一等奖，并赴京汇演，搬上银幕，1985年被省文化厅誉为"戏剧之乡"。商洛还涌现了贾平凹、京夫、孙见喜等一批在中国当代文坛有重要影响的实力派作家，享誉海内外。近年来，商洛市围绕文化强市建设目标，充分发挥商洛独有的自然生态资源、历史人文资源和地域文化资源优势，把文化和经济有机结合，彰显商洛独特的历史文化底蕴。

在商洛，你可以尽情感受极具地方特色的文艺表演、文化创意、文化会展，感悟自然山水和民风民俗，达到怡情养性之目的。

镇安木王

第 5 章

"秦岭最美是商洛"

■ 5.1　气候独特宜人

　　商洛市多年平均气温 12.9 ℃，各县（区）温度为 11.1～14.3 ℃。全年最冷月份为 1 月，平均气温 0.7 ℃；最热月份为 7 月，平均气温 24.3 ℃。商洛深居内陆，大陆性季风气候特征明显，气温四季分明，相邻季节的温差值基本在 10 ℃左右，春、夏、秋、冬四季气温变化明显；但冬无严寒、夏无酷暑，入春时间较同纬度地区相比提前 1 周左右，夏季高温天气极少。

　　商洛降水充沛，雨日适中。年平均降水量 748.0 mm，1 月和 12 月平均降水量最少，分别为 7.4 mm 和 8.0 mm；7 月平均降水量最

多，为 151.5 mm；商洛年平均雨日为 110.3 d，7 月平均雨日最多，为 18.5 d，12 月平均雨日最少，为 7 d，在西北地区是降水量较丰沛的地方。

商洛人体舒适度气象指数（BCMI）、寒冷指数（CI）和温湿指数（HI）与全国主要旅游城市、省会城市和同纬度城市相比优势明显。人体舒适度气象指数（BCMI）等级在 2～5，其中 4～5 级占 5 个月，在所选的 31 个城市中处"上位优势"；寒冷指数（CI）在 173～654，在所选的 31 个城市中处于"中上偏优"的地位；温湿指数（HI）在 39～73，无大于 75 级别的闷热天气，在所选的 31 个城市中处于"上位优势"。商洛人体舒适度气象指数（BCMI）有 7 个月的等级介于 4～6 级，总天数达 197 d，属于一类气候适宜区。

商洛度假气候指数的适宜期覆盖全年 12 个月，其中，冬半年 5 个月（1—3 月和 11—12 月）为度假旅游的"适宜期"；夏半年 7 个月（4—10 月）为度假旅游的"很适宜期"；商洛 5 月春暖花开，光照、温度、湿度、降水和云量适中，为一年中度假气候指数最高的月份，另外，商洛夏季气温、湿度适宜，度假气候指数在一年中处于相对较高季节，成为人们避暑观光、休闲康养的好季节，是名副其实的休闲胜地。

5.2　生态环境优美

商洛市自然资源比较丰富，素有"南北植物荟萃""南北生物物种库"之美誉。全市林地面积 1 603 468 hm²，占总面积的 81.82%。森林覆盖率 69.6%，林木绿化率 71.7%。各类植物资源 1324 种，被列为国家重点保护的野生珍稀植物有红豆杉、银杏、兰科等 45 种。全市共有散生古树 1021 株，古树群 41 个 407 219 株。散生古树名木按保护等级分：特级 51 株、一级 274 株、二级 276 株、三级 420 株。

野生动物种类繁多。野生动物 27 目 84 科 358 种，其中鸟类 17

目 48 科 245 种，兽类 6 目 22 科 74 种，两栖类 2 目 6 科 11 种，爬行类 2 目 8 科 28 种。商洛市分布的国家一级保护动物有豹、云豹、羚牛、黑鹳、金雕、白肩雕、林麝 7 种。国家二级保护动物有豺、黑熊、青鼬、大灵猫、小灵猫、金猫、斑羚、鬣羚、大天鹅、斑头鸺鹠等 37 种。

商洛以商山洛水得名，共有大小河流及其支流 72 500 多条。河网密度在 1.3 km/km² 以上。全年降水量在 660～1041.6 mm，点年最大降水量 1092.5 mm（木王）。商洛全域断面水质（Ⅱ类）达标率 100%，稳居全省第一。

2017 年 1—12 月，商洛市区空气质量优良天数为 331 d，比例 90% 以上，空气质量优良天数较上年增加 21 d；商洛空气质量优良天数比全国平均多 46 d，排名全省第一。

商洛 $PM_{2.5}$ 年均浓度值为 36 µg/m³，低于 39 µg/m³ 的年度控制目标任务。商洛的森林覆盖率、断面水质达标率、优良空气天数、国家 4A 级以上生态景区数量 4 项与休闲养生相关联的生态指标，均位居国内城市前列，其中两项指标达前二位，由此可见，商洛生态环境的休闲养生适宜性总体优于国内其他城市。

商洛的生态气候在休闲养生方面具有突出优势。在 7 项休闲养生的关联指标中，商洛有 5 项指标分值在 80 分以上，分别是森林覆盖率、断面水质达标率、优良空气天数、寒冷指数和温湿指数。

5.3 康养资源丰富

商洛是"天然氧吧"。城区负氧离子含量全年各月多在 1900 个/cm³ 以上，森林公园空气负氧离子浓度年平均值为 6906 个/cm³，峰值浓度值可达 11 902 个/cm³，属"特别清新"级别。

商洛素有"南北植物荟萃""南北生物物种库""中国板栗之乡""中国核桃之都"之美誉。中药材资源极为丰富，自古就有"秦地无闲草，商山多灵药"之说，素有"秦岭天然药库"之美誉，是我国中药材最佳适生区之一。《全国中草药资源汇编》收录的 2002 种中草药中，商洛就分布 1192 种，其中 265 种被列入新版《药典》。十大"商药"丹参、桔梗、连翘、五味子、山茱萸、金银花、黄芩、柴胡、天麻、猪苓等大宗道地中药材，因量大质优而位居全省前列，畅销全国且有部分出口。

商洛地下水资源丰富，山涧溪旁的清泉即取即用，甘甜可口，水质优良，富含锶、偏硅酸、钙、锂、硒、锌、钼等多种矿物元素，具有保持人体细胞渗透压、维持机体酸碱平衡、维护正常生理功能、加速生物化学反应、活化软化器官、促进新陈代谢、缓解人体疲劳等多种功能，区域 90% 以上的地表水可以直接饮用，全市 7 县区 10 个城市饮用水源保护区水质达标率为 100%。

■ 5.4　绿色发展

　　商洛市委、市政府坚持"打造秀美山水，建设精美城镇，培育美丽乡村，创造美好生活"，发挥区位、生态、资源、文化四大优势，做强休闲、养生、康体产业，加快陕南特色民居建设，营造"生态宜居到商洛"的发展环境，打响"秦岭最美是商洛"品牌，实现由"观光游"向"观光＋休闲＋度假游"转变，由"过境旅游"向"目的地旅游"转变。以"五城联创"（国家卫生城市、省级生态园林城市和国家园林城市、省级森林城市、省级环保模范城市、省级文明城市）为抓手，加强生态文明建设、改善人居环境、完善城市功能、统筹协调发展、提高城市品位、增强城市实力，商洛实施了系列生态文明建设举措初显成效，先后获国家第一批"生态文明建设示范市""气候适应型城市建设示范市"等殊荣。全市上下积极创建"国家森林城市""国家园林城市""国家卫生城市"，全力营造"生态康养宜居地"。

■ 5.5 大美商洛

商洛有秦岭得天独厚的自然条件，天蓝、山青、水秀、景美，冬无严寒，夏无酷暑，被誉为天然氧吧、植物宝库、动物乐园。

商洛历史悠久，地灵人杰。古有仓颉造字、商鞅变法、四皓隐居、李自成养兵等众多名人轶事；今有贾平凹、京夫等现代文豪。

商洛奇山秀水，令人陶醉。有"天下奇峡"金丝峡（国家 5A）；有被誉为"万顷杜鹃、天开画卷"的木王国家森林公园（国家 4A），有雄奇秀险的牛背梁国家森林公园（国家 4A）、灵秀险峻的天竺山国家森林公园（国家 4A）以及丹江漂流、柞水溶洞等 10 多处国家 4A 级景区，35 处国家 3A 级以上景区。

商洛是有名的"核桃之都""板栗之乡""茶叶之乡""天然药库"。

由于有秦岭的天赋，丰富的生物资源和良好的气候环境，春天花开漫山遍野，夏季山水城镇，气候凉爽，秋天红叶山连山，冬季空气优良无雾霾，从大西安到商洛的朋友都有深刻的感受：到商洛"春看

花，夏避暑，秋赏红叶，冬躲霾"。

　　商洛围绕建设"一都四区"战略，加快"一市一策"措施实施，争取西商城际铁路早日动工，促进西商一体化，争取大数据、云计算等终端服务落户商洛，建设"互联网＋"创新创意基地，使"绿色"成为商洛底色，"秦岭最美"成为商洛品牌。

　　"一小时穿越秦岭，一小时换一片蓝天，一小时换一道风景，一小时换一种心情，一小时换一种活法。"这是到过商洛的游客的真实评价，"呼吸最新鲜的空气、享用最便利的交通、感受最快捷的网络、品鉴最健康的食品、游历最怡人的风光、调适最恬淡的身心"成为商洛印象。

丹凤县竹林关镇桃花谷

丹凤县棣花

山阳天蓬山寨